페이스
트리트먼트

저자 약력

김수은 상서고등학교 뷰티디자인과 미용교사

페이스 트리트먼트

초판 인쇄 2013년 3월 2일
초판 발행 2013년 3월 5일
개정1판 발행 2025년 2월 28일

저 자 김수은
발 행 인 조규백
발 행 처 도서출판 구민사
(07293) 서울시 영등포구 문래북로 116, 604호(문래동 3가 46, 트리플렉스)
전 화 (02) 701-7421
팩 스 (02) 3273-6942
홈페이지 www.kuhminsa.co.kr
신고번호 제 2012-000055호(1980년 2월 4일)
I S B N 979-11-6875-516-1 93590
값 30,000원

머리말

지난 20여 년간 피부미용에 대하여 공부하고 실무 기술을 익히면서 아름답고 깨끗한 피부 관리법과 건강한 신체를 유지하는 방법에 관한 연구를 하였다. 정확한 지식을 학생에게 가르치기 위해 지식과 기술을 책으로 출판하게 되었다.

피부미용에 대하여 학문적으로 조금 더 깊게 그리고 체계적으로 이해할 수 있도록 교과서 형태로 구성하였고 기술부분에는 테크닉 별로 사진을 실어서 학생들이 쉽게 이해할 수 있게 하였다.

피부미용 전문가 시대에 이 책은 앞으로 피부미용에 관심을 가지고 공부할 학생들에게 전문 지식과 기술을 전달할 것이고 향후 그 학생들이 피부미용과 관련된 여러 분야에서 전문 인력으로 성장하는데 많은 도움을 줄 것이다.

이 책이 나오기까지 도움을 주신 구민사 조규백 사장님 및 직원들께 감사드리며 사랑스런 제자 지현, 재은, 예슬, 해경에게도 감사의 마음을 전한다.

CONTENTS | face treatment

f a c e   t r e a t m e n t

f a c e   t r e a t m e n t

Chapter 1
피부미용의 개요

1. 피부미용의 정의

facetreatment

피부미용이란 과학적 이론을 바탕으로 손의 테크닉과 기계의 힘을 이용하여 얼굴을 포함한 전신의 피부를 청결하게 가꾸어 건강하고 아름답게 변화시키는 과정이다.

피부는 건강을 유지하기 위한 생리기능을 가지고 있으나 연령, 계절, 환경, 생활습관 등에 의하여 변화되어 가고 있다.

이러한 내, 외적인 요인으로 인한 피부 미용상의 문제점을 예방하여 피부의 기능을 원래의 정상적인 상태로 회복시켜 피부 고유의 특성과 상태를 되찾도록 도와주고 건강한 피부를 유지하기 위하여 전신의 피부를 관리하는 미용술을 의미한다.

2. 피부미용의 용어

face treatment

피부미용이라는 용어는 약 200년 전 독일의 미학자 '바움갈텐'이 미(美)에 대한 의미로 처음 사용하였다. 현재 국내에서는 에스테틱, 코스메틱, 스킨케어 등의 이름으로 다양하게 불리고 있다. 가장 많이 사용되는 용어인 '에스테틱(esthetic)'은 프랑스어인 Esthetique에서 유래되었으며 '미의', '미학의', '심미적인'의 뜻을 가지고 있는 피부미용의 의미로 사용된다.

'코스메틱(cosmetic)'은 화장품, 피부미용, 미용의 포괄적인 의미로 통용되고 있으며 그 어원은 그리스어의 'Kosmein'에서 유래되었고 '관리하다, 장식, 치장하다'라는 뜻을 내포하고 있다.

피부관리사 또는 화장품 판매원들을 독일은 Kosmetikerin, 미국은 Esthetician, 영국은 Cosmetician이라 불린다.

각 나라에서 지칭되는 용어와 의미는 다음과 같다.

- 독일 : Kosmetic
- 영국 : Cosmetic
- 프랑스 : Esthetique, Soin Esthetique
- 미국 : Skin care, Esthetic
- 일본 : Esty(エステティ ク)
- 한국 : 피부미용, 피부관리

3. 피부관리 업무영역

facetreatment

1) 안면관리(facial treatment)

일반관리와 특수관리로 분류된다.

2) 전신관리(body treatment)

일반관리, 체형관리, 비만관리, 한방미용경락 등으로 분류된다.

3) 발관리(foot care)

발의 반사구를 자극하여 신체의 건강을 도모하는 발반사요법과 미용건강상의 문제점을 개선하는 발관리가 해당된다.

4) 눈썹 정리 및 염색(eyebrow care and dyeing)

고객의 얼굴형에 맞게 눈썹을 정리하며 다양한 색상으로 눈썹을 염색하여 매력적인 모습을 연출된다.

5) 제모관리(hair removal)

얼굴, 팔, 다리 등의 불필요한 털을 제거하여 미용적으로 자신감 있는 모습을 얻을 수 있는 영역이다.

6) 메니큐어 및 페디큐어(manicure and pedicure)

손·발 관리 및 손·발톱 관리로 분류된다.

7) 메이크업(make-up)

얼굴의 결점을 수정, 보완하고 다양한 색조의 표현으로 미적조형효과를 얻을 수 있는 영역이다.

8) 두피관리(scalp treatment)

두피의 혈액순환을 개선하고 스트레스를 완화시킨다.

9) 화장품 판매(cosmetic sale)

고객의 피부 유형에 적합한 화장품의 선택 및 올바른 사용이 가능하도록 조언하고 화장품 판매를 통해 이익을 창출할 수 있다.

10) 개인 피부관리 조언(home skin care advice)

고객의 피부환경, 생활환경, 생활습관 등의 요인들을 상담, 분석하여 피부관리 방안을 제시하거나 피부관리 방법에 관한 조언을 해주는 업무영역이다.

4. 피부관리사의 정의

한국표준직업분류에서 규정하고 있는 피부미용사란 '손님에게 여러 가지 미용처리를 해주는 자'로 규정되어 있으며 화장전문가, 미조술사도 포함되어 있다. 피부관리사는 일반적으로 피부 본래의 기능을 유지하기 위해 피부 기능상의 문제점을 없애고, 젊고 아름다운 피부를 보존하는 방법으로 아름다움과 정신 건강을 함께 추구하는 미용업을 하는 전문가(specialist)로서 직업 의식을 가진 사람을 말한다.

피부관리 전문가는 그 방면에 있어 해박한 지식을 가지고 있어야 하고 고객의 물음에 사실을 근거한 정확한 답변을 해야 한다. 이론상의 지식과 다양한 테라피, 트렌드를 이해하고 있어야 고객으로부터 신뢰를 받는 전문가로 나아갈 수 있는 것이다.

5. 피부관리사의 활동 분야

facetreatment

1) 피부관리사

피부전문 관리실, 화장품 회사, 피부미용 기기회사, 병원(피부과, 성형외과, 한의원) 등에서 피부관리 및 고객관리를 한다.

2) 체형관리사

전문 스파샵, 비만 한의원, 비만클리닉 센터 등에서 체형관리 및 고객관리를 한다.

3) 뷰티테라피스트

전문 스파샵, 전문 아로마샵 등에서 여러 가지 자연요법을 병행하여 고객관리를 한다.

4) 네일테크니션

전문 네일샵에서 손관리와 메니큐어, 발관리와 페디큐어를 한다.

5) 메이크업 아티스트

전문 메이크업샵이나 웨딩샵, 화장품 회사에서 고객의 컨셉에 맞는 메이크업을 하고 있으며 프리랜서로서 활동 가능하다.

6) 회사교육부, 영업부 전문 인력

화장품 회사, 피부미용 기기회사 등에서 전문 교육 활동, 거래처 관리, 영업 활동을 담당한다.

7) 병원 코디네이터

병원(피부과, 성형외과, 한의원)에서 고객응대서비스, 진료지원, 고객상담 등 의료서비스를 제공하는 전문가로 활동한다.

8) 두피관리사

두피클리닉 센터에서 고객의 두피클리닉과 탈모 억제 관리 업무를 담당한다.

9) 교육강사

사립 미용학교, 직업기술학교, 관청 운영 교육 프로그램, 문화센터, 전문대학 등에서 교육자로 활동한다.

10) 칼럼니스트

뷰티 정보지나 업계 전문 잡지 기자, 편집자로 활동이 가능하다.

11) 자영업자

전문 피부관리실, 화장품 회사, 피부미용 기기 회사의 직영 또는 지사에서 직접 사업체를 운영하고 있다.

Chapter 2
피부의 구조 및 기능

1. 피부의 개요

facetreatment

피부는 우리 몸의 장기 중에 가장 넓이가 넓은 장기로서 그 크기가 성인의 경우에는 약 1.6㎡, 10세 어린이의 경우에는 1.0㎡ 정도이다. 피부는 여러 가지 외부의 자극, 장해, 건조 등의 환경 요소로부터 신체를 보호해주는 중요한 기관이며 다양한 생리적 기능을 수행한다. 내부 장기와 그 밖의 체내기관을 보호, 조절하는 피부는 모체에서 뇌와 함께 형성하며 몸 안의 내장의 변화가 즉각 피부에 반영되어 나타난다.

2. 피부의 구조

facetreatment

피부는 신체 표면을 감싸고 있는 조직으로부터 표피(epidermis), 진피(dermis) 및 피하지방층(subcutaneous fat)의 세 부분으로 구성되어 있으며, 피부 부속기로(skin appendage)로는 한선(sweat gland), 피지선(sebaceous gland), 모발(hair) 및 손발톱(nail) 등이 있다.

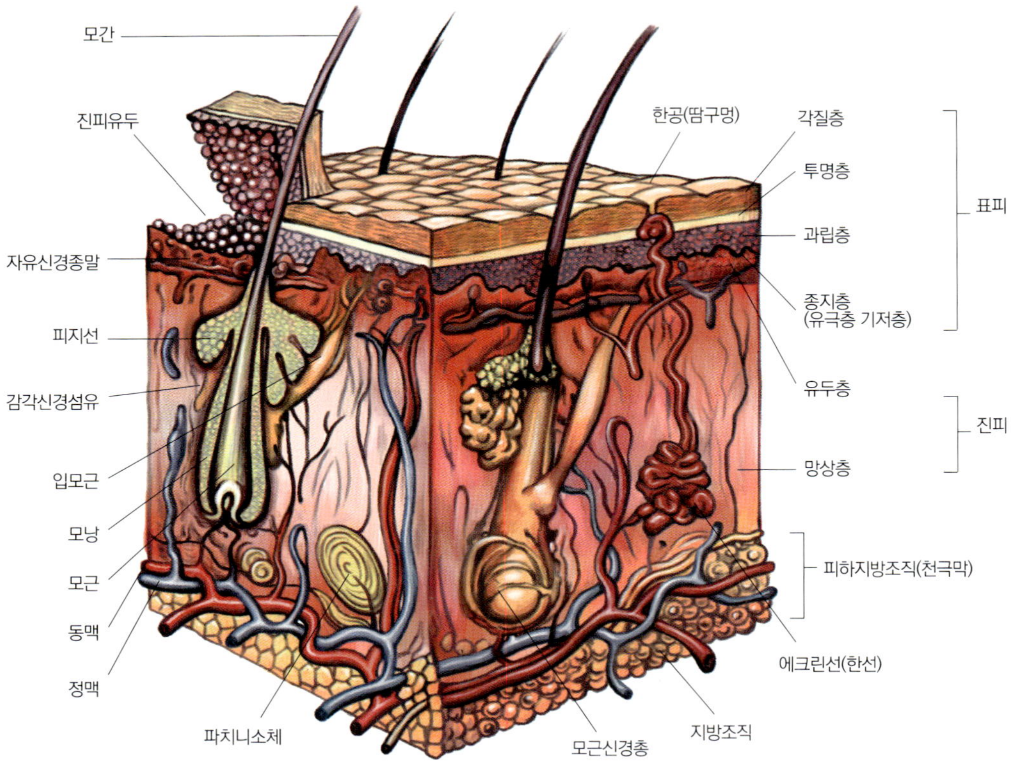

그림 2-1 피부의 구조

1) 형태학적 구조

피부표면은 육안으로는 평평해 보이지만 확대 관찰하면 아주 많은 가늘고 얇은 줄이 보이며, 줄 사이는 약간 높은 곳과 홈이 파인 곳이 존재한다. 피부결은 성별, 연령, 신체 부위에 따라 다르며 남성보다 여성이 더 곱고 나이든 사람보다 젊은 사람이 더 곱다. 피부결이 거칠다 곱다라고 하는 것은 피부 소구와 소릉의 깊이가 얕고 깊음에 따른 그물 모양의 상태를 말한다. 즉 피부 소구와 소릉이 얕으면 고운피부이며 피부 소구와 소릉이 깊으면 거친 피부라고 할 수 있다.

- 피부소구(furrow) : 피부 표면의 우묵한 곳
- 피부소릉(hill) : 피부 표면의 올라온 곳
- 피부의 결(texture) : 피부소릉과 소구에 의해 형성된 그물 모양의 표면

- 한공(pore) : 피부소릉부위에서 땀을 분비하는 구멍
- 모공(pore) : 피부소구와 소구가 교차하는 곳으로 모발이 나오는 구멍

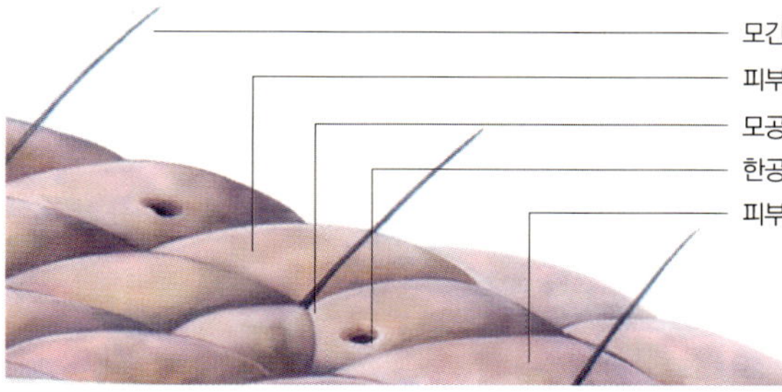

그림 2-2 피부의 형태학적 구조

2) 조직학적 구조

피부를 표면에서 수직으로 똑바로 잘라 현미경으로 보면 상피조직인 표피(epidermis)와 결체조직인 진피(dermis) 그리고 피하지방층(subcutaneous fat)으로 이루어진 피부 조직의 단면을 관찰할 수 있다.

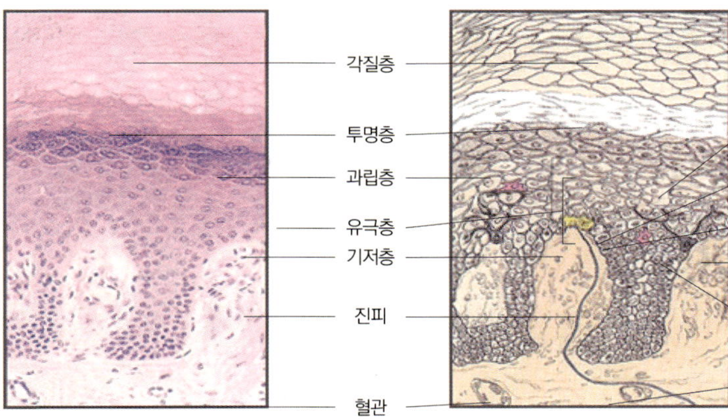

그림 2-3 피부의 조직학적 구조

3. 피부의 구성

facetreatment

1) 표피(epidermis)

표피는 우리 몸의 가장 바깥쪽에 위치하고 있는 부위이다. 표피세포는 각질형성세포(keratinocyte)가 전체 80% 이상으로 대부분을 차지하고 있으며 그 외에 5~10%는 멜라닌 형성세포(melanocyte), 5%는 랑게르한스세포(langerhans) 및 머켈 세포(merkel cell)가 존재한다.

각질형성세포(keratinocyte)

각질형성세포는 표피의 주요 구성성분으로 표피의 바깥으로부터 각질층, 과립층, 유극층, 기저층의 4개의 층으로 이루어져 있으며 손과 발바닥 부위에는 각질층과 과립층 사이에 투명층이 존재한다. 표피세포는 기저층에서 생성되며 유극층, 과립층, 각질층을 거치면서 점차 수분을 잃게 되어 딱딱하고 건조한 각질을 가진 세포로 되는데 이러한 세포를 '각질형성세포'라고 하며 이와 같은 과정을 각화(keratinization) 과정이라 한다. 세포교체주기는 대개 4주이다.

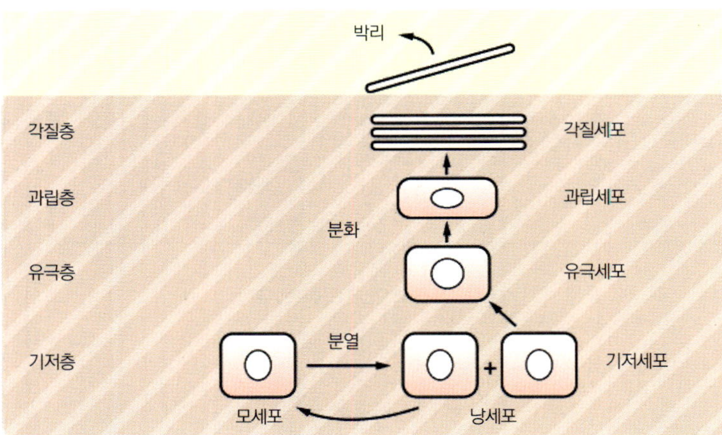

그림 2-4 각화 과정

(1) 각질층(stratum corneum)

각질형성세포 중 가장 바깥쪽의 단단하고 건조한 얇은 껍질인 각질을 형성하고 있으며 핵이 없는 죽은 세포층으로 20~25층으로 구성되어 있다. 모양은 피부의 표면에 가까울수록 납작하고 길쭉한 모양을 하고 있으며. 편평한 기왓장 모양으로 각질판이 서로 엇갈려 맞물려 있다. 그리고 각질층의 세포 사이에는 피지와는 다른 지질성분이 존재하는데 이것을 '세포간 지질(intercellular lipid)'이라 한다. 두께는 신체의 부위에 따라 각질층의 수분 상태에 따라 다르다. 손바닥이나 발바닥과 같은 부위는 각질층이 매우 두꺼워 일상생활에서 받는 물리적 충격이나 마찰 또는 외상에도 잘 견딜 수 있도록 되어 있다. 주성분으로는 케라틴 단백질(58%), 천연보습인자(38%), 지질(11%)을 함유하고 있으며 각질층에는 천연보습인자(NMF) 10~20%의 수분을 함유하고 있으며, 수분량 10% 이하 일 때 피부가 건조하고 거칠어지고 피부 노화를 촉진시키며 주름 형성의 원인이 된다.

각질층에는 수분이 거의 없고 세포 사이에는 지방질 성분이 겹겹이 끼어 있는데 지질간 접착제인 세라마이드(ceramide)에 의해 각질층 사이가 단단하게 결합되어있다. 이는 세포 내 수분 손실을 억제해주고 이물질이나 세균들이 세포 속으로 침입해 오는 것을 막아 주는 방패 역할을 하며 피부 보호기능에서 가장 중요한 위치를 차지하고 있다.

(2) 투명층(stratum lucidum)

각질층 바로 밑에 있는 2~3층의 생명력 없는 무핵의 작고 투명한 세포로 구성되어 있다. 엘라이딘(elaidin)이라는 반유동적 단백질이 있어 밝고 투명하게 보이며 빛을 굴절시켜 빛을 차단하는 특성이 있다. 또한 수분을 거의 흡수하지 않고 외부의 수분침투를 방지한다. 투명층은 모든 피부에 존재하나 일반적인 피부 부위에서는 식별이 쉽지 않다. 손바닥과 발바닥에서 확실하게 관찰된다.

(3) 과립층(stratum gramulosum)

작은 과립모양의 세포로 편평형 또는 방추형의 세포들로 2~5층 구성되어 있다. 손바닥과 발바닥처럼 각질이 두꺼운 부위는 10층을 이룬다. 핵이 소실되고 표피세프가 퇴화되어 각질화되는 과정의 1단계에 해당되며, 본격적으로 각질화가 일어나는 층이다. 과립층은 이물질의 침투에 대한 방어막 역할과 피부 내부로부터의 수분 증발을 저지해준다. 세포 퇴화의 첫 징조로 세포질 내부에 케라틴의 전구물질인 각질유리과립이 형성된다. 케라토히알린(keratohyalin)은 유황단백질을 많이 함유하고 있으며 빛을 굴절시켜 피부를 맑아보이게 한다.

(4) 유극층(seratum spinosum)

5~10층으로 표피층 중 가장 두꺼운 층으로 표피층의 대부분을 이루고 있다. 세포 표면에는 가시 모양의 돌기가 있어 '가시층'이라고 부르기도 한다. 유극층은 기저층과 같이 핵을 가지고 있는 살아있는 세포로 세포재생이 가능하다. 표피를 다칠 경우 피부 손상을 복구할 수도 있다. 유극층은 면역을 담당하는 랑게르한스 세포(langerhan's cell)가 존재하고 세포 사이에 혈액순환이나 노폐물 배출 등의 물질교환을 용이하게 한다.

랑게르한스 세포(langerhan's cell)

피부의 면역학적 반응과 알레르기 반응에 관계하는데 외부의 이물질인 항원이 피부에 침투하면 즉시 반응한다. 즉 피부에 맞지 않는 화장품이나 물질 등이 피부에 접촉되어 흡수되면 랑게르한스 세포가 관여하여 알레르기 반응을 일으킨다.

(5) 기저층(Stratum Basale)

표피층의 가장 아래에 있는 단층의 원추상 세포로 핵을 가지고 살아있는 세포이다. 진피층과 접하여 물결모양을 이루고 있다. 진피층의 모세혈관을 통해 산소와 영양분을 공급받아 활발한 세포 분열을 통해 새로운 세포를 생성하며 멜라닌형성세포와 함께 존재한다. 기저층의 각질형성세포와 멜라닌형성세포는 4:1 또는 10:1의 비율로 존재하며 세포 분열에 의해 새로운 층으로 이동한다. 기저층의 세포분열은 밤10시~새벽2시 사이에 가장 활발하므로 피부 재생을 위해서는 이 시간대에 충분한 수면을 취해야 한다.

멜라닌 형성세포(melanocyte)

표피에 존재하는 세포의 약 5%를 차지하고 있으며, 피부가 자외선에 노출되거나 정신적 인자, 호르몬 등의 자극을 감지하면 멜라닌 색소의 생성이 촉진된다. 멜라닌 형성세포의 수는 인종과 피부색에 관계없이 일정하며 피부색을 결정하는 것은 멜라닌 세포 안에 있는 멜라노좀의 분비능력, 수, 농도에 의해 결정된다. 멜라닌은 자외선을 흡수 또는 산란시켜 자외선으로부터 피부가 손상되는 것을 방지하는데 큰 역할을 한다.

머켈세포(merkel cell)

기저층에 위치하는 촉각을 감지하는 세포로 인체 피부에서 손바닥, 발바닥, 입술 등의 모발이 없는 피부에서 주로 발견되며 신경섬유의 말단과 연결되어 있다. 신경세포와 연결되어 촉각을 감지하는 세포로 작용하기 때문에 촉각 세포라고도 한다.

2) 진피표피 경계부(dermoepidermal junction)

진피와 표피의 경계부는 기저막(basement membranc zone)으로 이루어지며 피부 부속기와 부속기 주변 진피까지 연결된다. 기저막은 표피세포의 부착을 용이하게 하여 지지대로서의 역할을 하고 표피 형성을 조절하며 상처치유 과정에도 관여하는 기능이 있다.

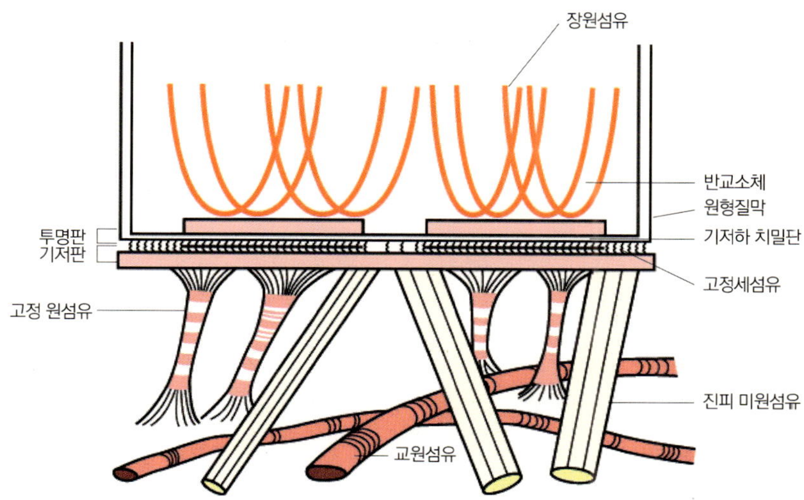

그림 2-5 진피와 표피의 경계부 구조

3) 진피(dermis)

표피와 피하지방층 사이에 존재하고 치밀한 결합조직으로 피부의 90% 이상을 차지한다. 두께는 2~3mm 정도이며 표피 두께의 10~40배 정도로 진짜피부라 할 수 있다. 피부 조직 이외에 혈관, 신경관, 림프관, 한선, 모발과 입모근 등을 포함하고 있어서 표피층에 영양 공급 및 분비, 감각 등의 중요한 기능을 담당하는 곳이다. 표피에 접하는 부분은 요철모양을 하고 있어서 표피를 지지하고 강인성에 의해 피부와 다른 조직들을 유지하고 보호해주는 역할을 한다. 외부의 손상으로부터 몸을 보호하고 수분을 저장하며 체온조절의 기능, 감각에 대한 수용체의 역할, 표피와 상호작용하여 피부를 재생하는 기능을 가지고 있다.

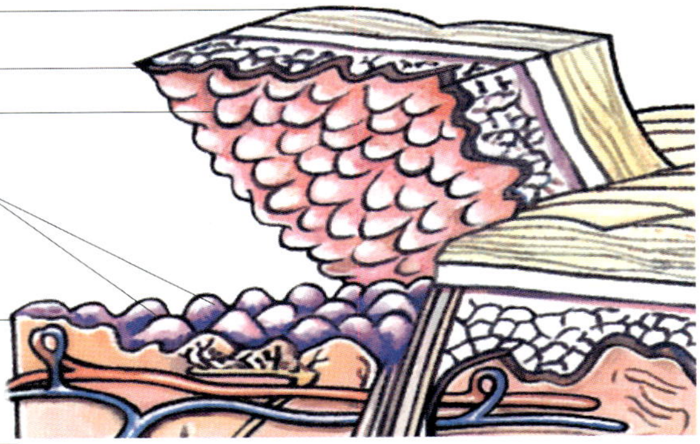

그림 2-6 표피와 진피의 경계

(1) 유두층(papillary dermis)

유두층은 결합조직으로 진피가 표피쪽으로 둥글게 돌출되어 있는데 이 돌출된 부분을 유두라고 한다. 유두층은 미세한 교원질과 섬유 사이의 빈 공간으로 이루어져 있으며 세포 성분과 기질 성분이 많다. 감각기관인 촉각과 통각, 신경종말이 다량 분포하고 있어 신경 전달을 하고 있으며 수분을 다량으로 함유하고 있다. 표피 진피 간 결합부분에는 얇은 교원섬유가 성글게 배열되어 있는 느슨한 결합조직의 형태를 가지며 이러한 표피 진피 간 물결모양으로 인하여 피부를 옆으로 당겼을 때 신축성을 보이며 피부 모양을 유지함으로서 피부의 팽창과 탄력에 관여한다. 이 표피와 진피의 경계인 물결모양은 노화가 진행됨에 따라 편평해져 완만해지는 정도에 따라 노화의 정도를 짐작할 수 있다.

(2) 망상층(reticular dermis)

망상층은 그물모양의 결합조직으로 그 조직의 모양에 의하여 피부가 넓게 혹은 길게 늘어날 수 있는 탄력적인 성질을 지니게 한다. 이 조직은 대부분 일정한 방향을 가진 섬유단백질인 콜라겐과 엘라스틴으로 이루어진 결합조직으로 피부가 과잉으로 늘어나거나 파열되지 않게 보호한다. 유두층과는 달리 모세혈관은 거의 없으며 혈관, 피지선, 한선, 신경들이 분포되어 있다.

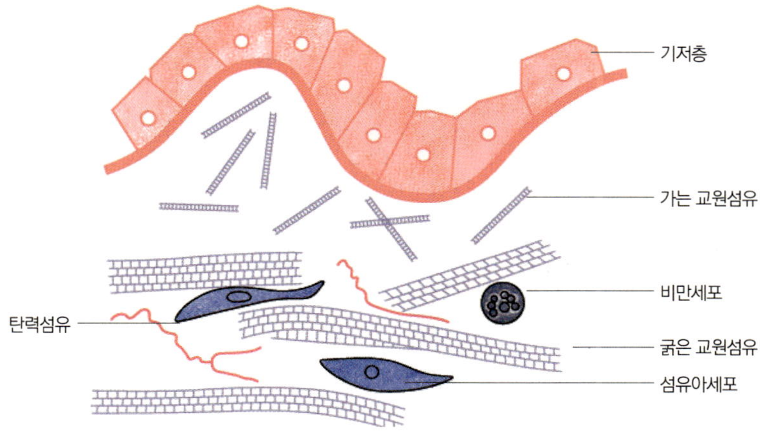

그림 2-7 진피의 단면

(3) 진피의 구성성분

교원섬유(콜라겐, collagen fiber)

피부의 결합조직을 구성하는 주요성분, 진피성분의 90%를 차지하는 섬유단백질로 섬유아세포에서 생성된다. 콜라겐은 현미경 관찰시 백색을 띄며 물에 넣고 끓이면 아교처럼 끈끈해져 젤라틴화 된다. 이것은 진피 뿐 아니라 인대나 뼈, 혈관, 치아에도 많은 비중으로 함유되어 있는데 자체적으로는 탄력성이 매우 적으나 엘라스틴과 함께 피부에 장력과 탄력성을 제공한다. 수분을 다량 함유하고 있으며, 진피 내의 콜라겐은 피부 노화현상과 자외선의 영향으로 인해 그 양이 감소되어 형태가 변하게 된다.

탄력섬유(elastic fiber)

탄력성이 강한 섬유단백질로 진피 성분의 2~3%를 차지, 가교 결합을 만들어 피부탄력에 기여하는 중요한 요소이며 피부 파열을 방지하는 스프링 역할을 한다. 현미경 관찰 시 황색을 띠고 콜라겐과 같이 섬유아세포에서 형성된다. 물에 가열해도 젤라틴화

되지 않으며 각종 화학물질에 대해서도 저항력이 매우 강하다. 연령이 많아지면 탄력섬유가 파괴되어 피부가 이완되고 주름이 발생하게 된다.

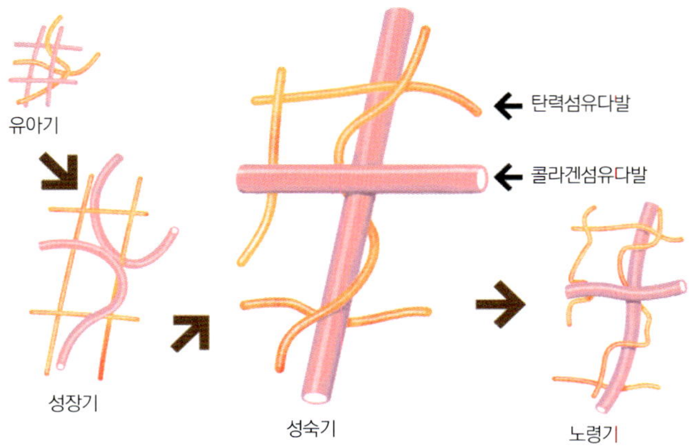

그림 2-8 탄력섬유와 주름

기질(ground substance)

진피와 결합섬유 사이를 채우고 있는 물질이며 대부분 히아루론산과 황산 등으로 이루어져 있으며, 이들은 친수성 다당체로 물에 녹아 끈적끈적한 액체 상태로 존재하기 때문에 뮤코(muco)라는 접두어를 써서 뮤코다당체(mucopolysaccharide)라고도 한다. 이들 모두는 진피의 보습인자로 피부의 영양과 신진대사, 수분유지, 노화방지, 호르몬을 혈관으로부터 조직중의 세포까지 전달을 관장한다. 히아루론산(hyaluronic acid)은 황산콘드로이틴 등과 함께 뮤코다당체로 알려져 있으며 눈의 초자체나 탯줄 등에 존재하며, 점성이 크고 자기 무게의 80% 배의 수분 보유능력을 가져 대표적인 보습제로 사용된다.

(4) 진피의 구성세포

섬유아세포(fibroblast)

진피에 있는 세포 중에 가장 중요한 것은 섬유아세포이며 교원질, 탄력질, 휘브릴린, 프로테오글리칸 등의 기질단백질을 합성하여 분비하는 역할을 한다.

비만세포(mast cell)

비만세포는 피부에서 발생하는 두드러기, 아토피피부염 등의 피부질환 발생에 중요한 역할을 하는 세포이다. 비만세포는 히스타민, 세로토닌 등의 물질과 트립테이즈(tryptase)와 같은 효소를 포함하고 있다가 외부 자극이 오면 이들을 분비한다. 분비된 물질과 효소들은 피부에 염증을 유발하며 피부에 손상을 초래하게 된다.

대식세포(macrophage)

섬유아세포와 혈관내피세포의 성장인자를 생산하여 손상된 조직을 치유하며, 염증반응에 관여하는 물질이나 사이토카인(cytokine)을 분비하여 염증반응을 조절하고, 면역세포의 작용을 조절하는 사이토카인(cytokine)을 분비하여 면역작용을 조절하는 등의 여러 가지 기능을 맡고 있다.

4) 피하지방층(subcutaneous fat)

진피와 근육, 뼈 사이에 위치하여 지방을 함유하고 있는 피부의 가장 아래층이다. 지방층의 두께는 지방세포 수와 크기에 따라 결정된다. 지방세포의 수는 평생 동안 거의 변하지 않기 때문에 지방층의 두께는 지방세포의 크기로 결정된다. 피하지방층은 체온조절기능을 하고 외부로부터 충격을 완화시키며 영양소를 저장하고 피부의 운동성을 향상시킨다.

셀룰라이트(cellulite)

피하지방층의 지방이 지나치게 많이 축적되거나 조직액이 축적되어 피하조직이 두꺼워지면 진피, 표피가 위로 밀려오면서 피부 표면이 오렌지 껍질처럼 울퉁불퉁 튀어 올라오게 되는 현상을 말한다.

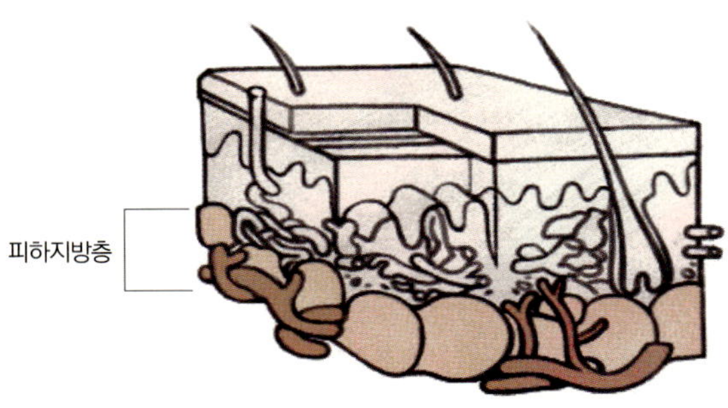

그림 2-9 피하지방층의 단면

5) 피부의 부속기관

(1) 한선(땀샘, sweat gland)

땀을 분비하는 선으로 건강한 성인의 경우 하루 500~600cc의 땀을 분비한다. 이중 대부분 체온조절을 위해서 증발되고 나머지는 피지막을 만드는 역할을 한다. 한선은 다시 에크린선과 아포크린선 두가지로 나누어진다.

한선의 종류

① **에크린선**(소한선, eccrine sweat gland)

태어나서부터 존재하며 에크린 한선은 실뭉치 모양의 긴 선 형태로 무색, 무취이며 표피까지 수직으로 뻗어있다. 신체의 전신에 걸쳐서 분포하고 있으며 특히 머리, 겨드랑이, 손바닥, 발바닥 등에 많다.

필요할 때 저장한 체액을 자체의 독립된 땀구멍으로 분비, 배출하여 체온조절 및 노폐물 배출에 중요한 역할을 한다. 땀의 산도는 pH3.8~5.6의 약산성으로 세균번식을 억제한다. 우로칸산이라는 성분이 있어 자연적으로 자외선을 흡수하여 어느 정도 피부를 보호하는 기능을 한다.

② **아포크린선**(대한선, apocrine sweat gland)

모낭에 부속되어 있는 아포크린선은 출생시의 어린아이에게는 전신피부에 형성되었다 생후 5개월경부터 점차 퇴화하여 겨드랑이, 유두, 배꼽주변, 사타구니 등의 몇몇 부위에만 남아 있다가, 사춘기가 되면 점차 발달하여 분비 활동이 시작된다. 남성보다 여성이 많으며 흑인 〉 백인 〉 동양인 순으로 많고 호르몬의 영향을 강하게 받으며 노화에 의한 영향은 적다.

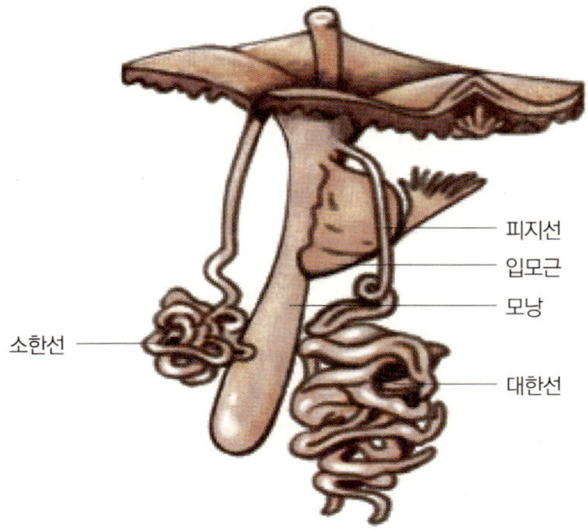

그림 2-10 한선

(2) 피지선(sebaceous gland)

피지선은 모낭에 부속되어 중간 부분에 위치하고 있으며, 피부 표면에 피지를 분비하는 부속기관으로 진피층에 위치하고 있다. 하루분비량은 1~2g정도이고 큰 피지선은 인체의 중심부분인 얼굴, 두피, 가슴부위 등에 집중적으로 분포되어 있으며 손바닥, 발바닥, 입술, 고환을 제외한 전신의 피부에 존재 한다. 점막 피부와 같이 얇은 피부부위에는 모낭이 없기 때문에 피지선이 모낭으로 연결되지 않고 직접 피부표면으로 피지를 분비하므로 돌림피지선이라 한다. 일반적으로 남성이 여성보다, 지성피부가 많은 것을 볼 수 있다. 피지선의 활동은 호르몬의 영향이 크고 특히 남성 호르몬인 테스토스테론의 영향을 많이 받는다.

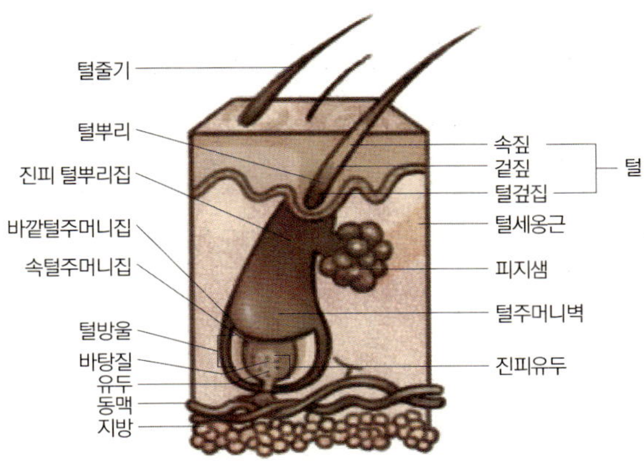

그림 2-11 피지선

(3) 모발(hair)

피부표면에 나와 있는 모발은 손바닥, 발바닥, 입술, 음부의 일부를 제외한 전신에 분포되어 있다. 모발의 단면적 구조는 모피질을 보호하고 비닐모양의 각질세포로 이루어진 모소피(cuticle), 멜라닌 색소와 공기를 포함하여 가장 중요한 역할을 하는 모피질(cortex), 모발의 중심에서 기포를 가지고 있는 모수질(medulla)의 3개 층으로 구성되어 있다.

모발의 조직적인 구조는 피부표면에 나와 있는 모간과 모낭속의 모근으로 나뉘어지며 모근의 아래쪽에 둥근모양의 모구(hair bulb)가 있어 혈관과 신경이 분포되어 모발의 영양과 발육을 관장한다. 이 부위를 모유두(dermal hair papilla)라고 한다.

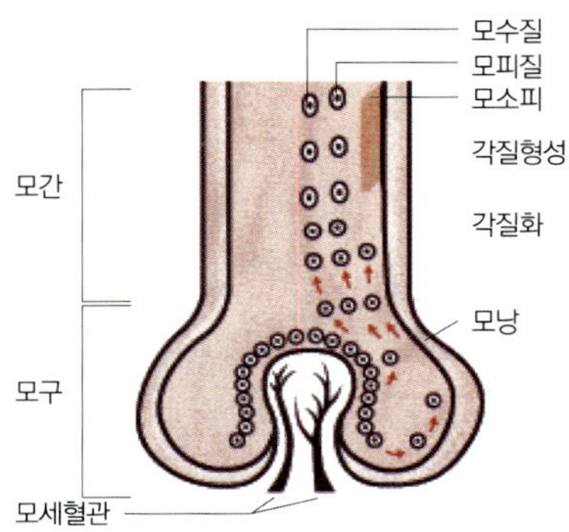

그림 2-12 모발의 구조

(4) 조갑(nail)

조갑은 손가락 끝과 발가락 끝을 보호하기 위해 피부나 모발과 같이 케라틴이라는 단백질로 이루어진 피부 부속 기관이다. 조갑의 구조는 손톱이라 일컫는 케라틴 성분의 조갑(nail), 손톱을 받치고 있는 조상(nail bed), 손톱의 뿌리에 해당되는 조모(nail matrix), 조상피 부분의 반달모양으로 조모에서 형성된 세포가 저장되어 있는 조반월(nail lunula)로 나뉘어진다.

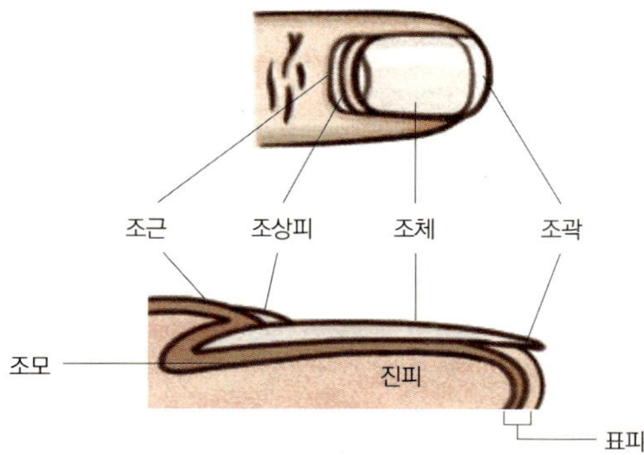

그림 2-13 조갑의 구조

4. 피부의 기능

facetreatment

1) 보호작용

진피의 탄력섬유와 진피 아래의 피하지방층에 의해 외부압력과 기계적 자극이 직접 내부에 미치지 않도록 완충적으로 움직이게 되고 피부 표면을 약산으로 유지하는 완충능력이 있어서 화학적으로 유해한 자극으로부터 보호한다. 피부의 각질층은 수분의 과도한 외부의 방출을 막는 장벽역할을 한다. 표피의 멜라닌 색소는 자외선을 흡수하여 생체내로 자외선의 침입을 차단하고 각질세포 또한 면역기능을 갖고 있다.

2) 체온 조절 기능

피부는 피부 모세혈관의 확장, 수축에 의한 피부 혈류량의 변화와 발한에 의한 기화열에 의해 체온조절에 도움이 된다. 온도가 낮아지면 피부 혈관의 수축성 신경이 활동을 증가하여 피부혈관을 수축시켜 체온의 저하를 방지한다. 온도가 올라가면 신경활동이 감소하여 혈관이 확장하여 열 발산이 증가한다. 저온 시에는 자율신경에 의해 지배를 받는 입모근도 수축되어 체내로부터 열 확산을 감소시켜 체온조절을 한다.

3) 감각작용

피부에는 신경섬유가 표피 안에까지 존재하며 촉각, 통각, 압각, 온도감각을 감지하는 수용체가 진피 내에 존재하고 있다. 이러한 감각은 신체의 방어기능으로서의 역할을 하며 척수, 뇌간, 시상을 경유하며 대뇌피질에 전달되어 감지된다.

4) 분비, 배설작용

땀을 통해서 수용성 노폐물을 내보내고 피지선을 통하여 피지를 피부표면으로 분비한다. 피지분비는 피부 표면에 얇은 막을 형성하여 피부와 털에 광택을 부여하며 수분이 증발 되는 것을 막는다. 피지분비량은 신체의 부위에 따라 다르고, 피지선의 크기와 활동성은 나이와 개인의 호르몬 분비상태에 따라 차이가 있다. 피지의 분비는 피부 표면에 있는 피지막의 두께에 의해서도 지배된다. 피부 표면에 일정한 두께의 피지막이 있으면 피지분비가 정지되었다가 적어지면 지방막이 일정한 두께가 될 때까지 분비가 계속된다.

5) 비타민 D합성

피부에 있는 에르고스테롤(ergosterol)이 자외선에 의해 비타민 D를 합성한다. 표피 내에서 생성되는 프로비타민 D가 자외선에 의해 변화되어 비타민 D를 생성한다. 생성된 비타민 D는 체내에 재 흡수되어 칼슘의 흡수촉진과 인의 대사에 관여함으로서 뼈와 치아의 형성에 도움을 주어 뼈의 발육을 도와줄 뿐 아니라 일광으로 인한 피부염의 치유에도 관여한다.

6) 저장작용

섭취한 영양물질을 에너지원으로 사용하며 여분의 영양물질을 저장한다. 표피층과 진피층의 수분을 포함한 영양물질을 저장하고 있으며 특히 피하지방 조직은 지방을 약 10~15kg 저장할 수 있다. 기계적이거나 물리적인 충격으로부터 신체를 보호하고, 필요할 때 에너지원으로 사용되는 역할을 한다.

7) 표정작용

얼굴에 있는 숨겨진 근육과 표면에 드러나 있어 30여개의 근육의 움직임으로 내면의 감정 상태를 표시한다. 반복적으로 사용한 곳에는 주름이 형성되고 인상을 결정짓는다. 화가 나거나 부끄러울 때 붉은 혈색을 나타내고 좋지 않은 감정이나 놀랄 때 푸른색을 나타내는 것처럼 피부의 색으로도 감정을 표시한다.

8) 재생작용

피부 조직의 상처는 일정시간이 경과한 후 피부 조직의 복구능력에 의하여 원래의 모양으로 되돌아간다. 이러한 기능을 '피부의 재생력'이라 한다. 진피층이나 표피의 기저층이 상처를 입었을 경우에는 재생이 힘들어 흉터를 남기기도 한다. 피부이식, 성형술은 이 같은 재생능력을 바탕으로 하는 것이다.

9) 면역작용

피부는 이물질이나 세균 등의 유해한 것들이 들어오면 그것에 대항하는 물질을 만들어 내는 면역작용을 하는데 피부 표면에는 면역반응에 관련하는 세포들이 있어 면역반응을 통해서 생체 방어기전에 관여하는 것이다.

Chapter 3

피부관리를 위한 해부 생리

1. 골격계

facetreatment

전신의 골격은 총 206개의 뼈로 구성되어 있으며 이들 골격은 관절을 형성하여 서로 연결되어 하나의 계통을 이루기 때문에 골격계(skeletal system)라고 한다. 뼈(bone)는 신체를 떠받치며 내장기관을 보호하는 틀 역할을 하며, 체중의 약 15%를 차지하고 있다. 단단한 모양과는 달리 각 뼈는 살아있는 조직이며 뼈 조직, 맥관, 신경 및 골막 등의 부속물로 되어 있다. 그 형태는 길거나 짧고 평평하거나 불규칙하거나 혹은 종자 모양 등 다양하다. 이러한 골격계는 체중의 약 15%를 차지하며 골(뼈, bone), 연골(물렁뼈, cartilage), 관절(joint) 및 인대(ligament)를 총칭한다.

1) 두개골의 구성

두개골(skull)은 15종 23개의 뼈로 구성되며 척추의 위쪽 끝에 놓여 있어 머리의 운동이 자유로이 일어나게 해 주고 눈, 귀, 코 등의 특수감각기관을 보호하며 두개강(cranial cavity)을 형성하여 뇌를 보호하며 뇌두개, 안와, 비강, 구강 등의 기초를 이루는 안면골(facial bone)로 나눈다.

(1) 뇌두개골(cranial bones)

뇌두개골은 6종 8개의 뼈로 구성되어 있다.

① **이마뼈**(전두골, frontal bone)

이마를 이루고 있다.

② **마루뼈**(두정골 2개, parieral bones)

두개골의 위와 옆을 형성하는 평평골로 한쌍을 이루고 있다.

③ **뒤통수뼈**(후두골, occipital bone)

두개골의 뒤쪽 아랫부분을 형성한다.

④ **관자뼈**(측두골 2개, temporal bones)

두개골의 외측면인 귀 부위를 형성한다.

⑤ **나비뼈**(접형골, sphenoid bone)

두개골의 저부에 위치하며 두개골의 모든 뼈와 연결되어 있다.

⑥ **벌집뼈**(사골, ethmoid bone)

안와 사이 비강의 천장을 이루고 전두골의 후하방에 있다.

(2) 안면골(facial bone)

안면골은 불규칙한 모양의 8종 14개의 골로 이루어지는데, 내부군과 외부군으로 나누기도 한다.

① **코뼈**(비골2개, nasal bones)

상악골의 전두돌기 사이에 위치하며 콧마루를 형성한다.

② **광대뼈**(관골 2개, zygomatic bones)

볼의 튀어나온 부분을 형성하며, 한쌍을 이루고 있다.

③ **위턱뼈**(상악골 2개, maxilla)

윗턱을 형성하는 뼈로 앞쪽은 입의 뿌리이고 측면벽은 비강벽과 안와강의 바닥을 이루는 뼈이다.

④ **아래턱뼈**(하악골, mandible)

안면골 중 가장 크고 길며 아래턱뼈로 턱의 아랫부분을 형성한다.

⑤ **눈물뼈**(누골2개, lacrimal bones)

안와 내측벽 앞에 있는 작고 약한 뼈이다.

⑥ **입천장뼈**(구개골 2개, palatine bones)

상악골이 후방에 붙어있는 한쌍의 뼈이다.

⑦ **아래코선반**(하비갑개 2개, interior nasal concha)

비강의 외측벽을 이루는 한쌍의 뼈이다.

⑧ **보습뼈**(서골 vormer bone)

비중격 후하부를 형성하며 코를 나누는 벽 부분을 형성하는 뼈이다.

두개골 측면상

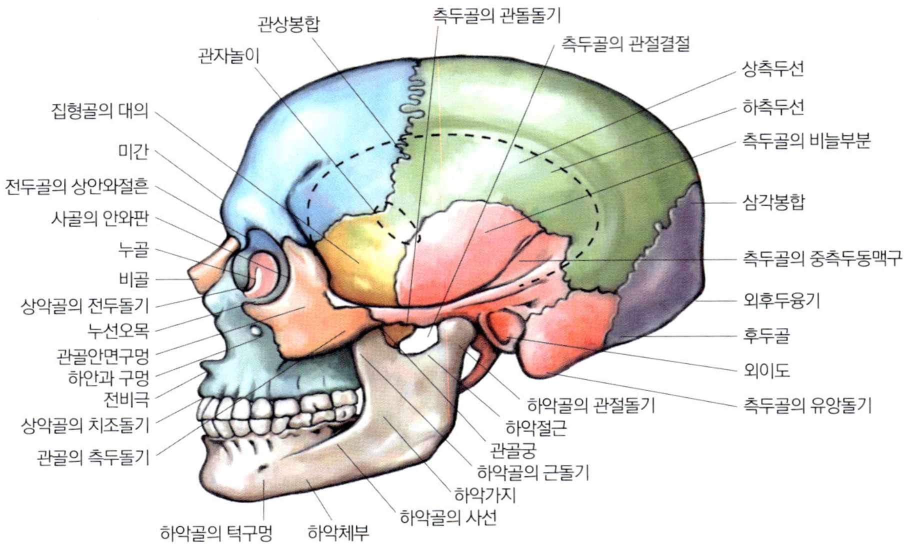

두개골 전면상

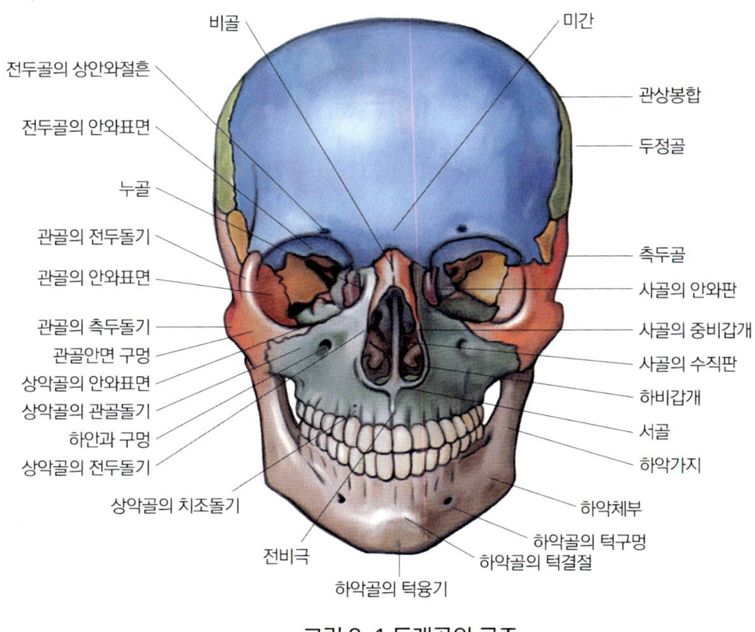

그림 3-1 두개골의 구조

2. 근육계

facetreatment

근육계통을 이루는 근육은 몸무게의 40~50%를 차지하며 수축과 이완을 통해 여러 가지 일을 한다. 신체의 원만한 운동을 위해서는 뼈, 관절근이 협동으로 일어나지만 주역은 근육이 맡고 있다. 근육의 수축으로 몸 전체는 효율적으로 움직이게 되며, 혈액의 순환, 소화관의 음식물 통과, 비뇨기계통의 소변 형성과 배출, 그리고 호흡할 때 흉부, 복부 및 횡경막의 운동이 가능해진다. 근육은 근조직의 형태와 기능에 따라 평활근, 골격근, 심근으로 나누어진다.

1) 안면근육(muscles of facial expression)

① **이마힘살**(전두근, frontal belly)

전두골을 덮고 있으며, 이마에 주름을 생기게 하고 눈썹을 위로 움직인다.

② **뒤통수 힘살**(후두근, occipital belly)

후두골을 덮고 있으며, 두피의 주름을 생기게 한다.

③ **눈둘레근**(안륜근, orbicularis oculi)

안와를 완전히 둘러싸고 있으며 눈을 감게 하는 기능이 있다.

④ **눈썹주름근**(추미근, corrugator)

미구의 내측 끝에서 시작하여 안와궁의 중앙 저부를 덮고 피부의 심층에 부착하고 있으며, 눈썹을 하방, 내측으로 당기고, 미간 좌우에 주름을 만든다.

⑤ **눈살근**(비근근, procerus)

비골하부를 덮고 있는 근막과 외측 비연골의 상부를 덮는 근막에서 시작하여 콧등과 비익 에서 정지하며, 비공을 넓히는 기능이 있다.

⑥ **볼근**(협근, buccinator)

상·하악골의 치조돌기에서 시작하여 구각에서 정지하는 볼근육으로 음료수나 젖을 빠는 데 쓰이며, 입술사이로 공기를 내보내는 기능도 한다.

⑦ **턱끝근**(이근, mentalis)

턱의 피부에 부착하며 턱과 아랫입술을 올리고 의심하거나 불쾌할 때 턱에 주름이 지게 하고 아랫입술을 위로 올려 당긴다.

⑧ **입둘레근**(구륜근, orbicularis oris)

입을 둘러싸고 있으며, 입을 다물게 하고 휘파람 또는 촛불을 끌 때 이용된다.

⑨ **입꼬리당김근**(소근, risorius)

구각을 외방으로 당겨 볼에 보조개를 만들어 낸다.

⑩ **광대근**(관골근, zygomaticus)

구각을 끌어당겨 웃는 표정을 만든다.

2) 저작근(Muscle of masticatiom)

① **관자근**(측두근, temporalis)

측두와에서 시작하여 하악골의 근돌기에서 정지한다. 입을 열고 닫을 때 움직인다.

② **깨물근**(교근, Masseter)

관골궁부터 기시하여 하악각에 정지하는 두꺼운 근육으로 아래턱뼈를 위로 당긴다.

③ **안쪽날개근**(내측익돌근, medial pterygoid)

하악각 내측에 부착하여 하악골을 상 · 외측으로 당기는 역할을 한다.

④ **가쪽날개근**(외측익돌근, lateral pterygoid)

접형골의 날개돌기 외측에서 기시하여 하악골의 관절돌기의 목부위에 부착하며 턱을 앞으로 당기고 좌우로 움직이게 하는 근육이다.

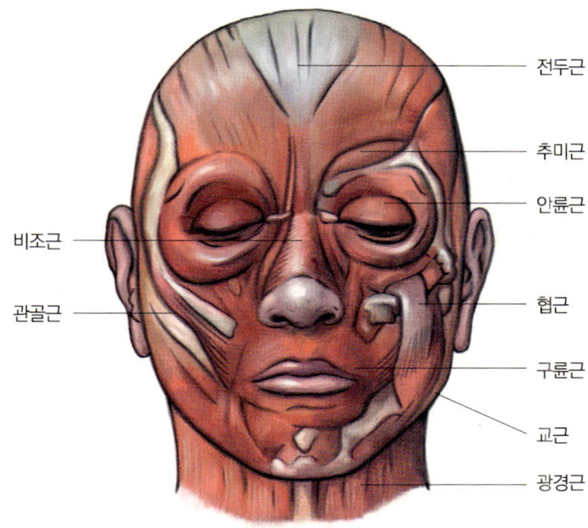

그림 3-2 안면 근육

3) 목의 근육(Muscle of the neck)

① **넓은 목근**(광경근, platysma)

안면신경의 지배를 받으며, 구각을 하방으로 당겨 슬픈 표정을 짓게 한다. 또한 면도할 때 피부의 긴장도를 유지시킨다.

② **목빗근**(흉쇄유돌근, sterno-cleido-mastoid muscle)

목의 앞쪽 측면 양쪽에 위치하며, 고개를 끄덕거릴 때나 머리를 회전시키거나 구부리는 기능을 한다.

③ **등세모근**(승모근, trapezius muscle)

부신경과 경신경총의 가지를 받고 극돌기에서 기시하여 견갑극 및 쇄골에 정지한다. 견갑골을 위로 당기며 머리를 뒤나 옆으로 굽힌다.

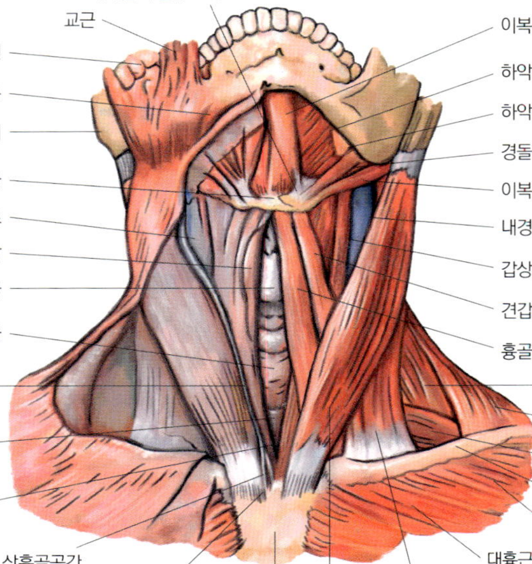
이복건의 섬유고리
교근
이하선
넓은 목근
유양돌기
설골
경동맥초
설골하근의 근막
갑상연골
윤상연골
경부근막
갑상선과 기관을 덮고 있는 경부근막층
흉골갑상근
상흉골공간
경정맥절흔
흉골자루
흉골두
이복근(전힘살)
하악설골근
하악선
경돌설골근
이복근(후힘살)
내경정맥
갑상설골근
견갑설골근의 위힘살
흉골설골근
사각근
등세모근
쇄골
삼각근
견갑설곤근의 아래힘살
대흉근
흉쇄유양돌기근의 새골두

그림 3-3 목의 근육

Chapter 4
피부관리의 준비

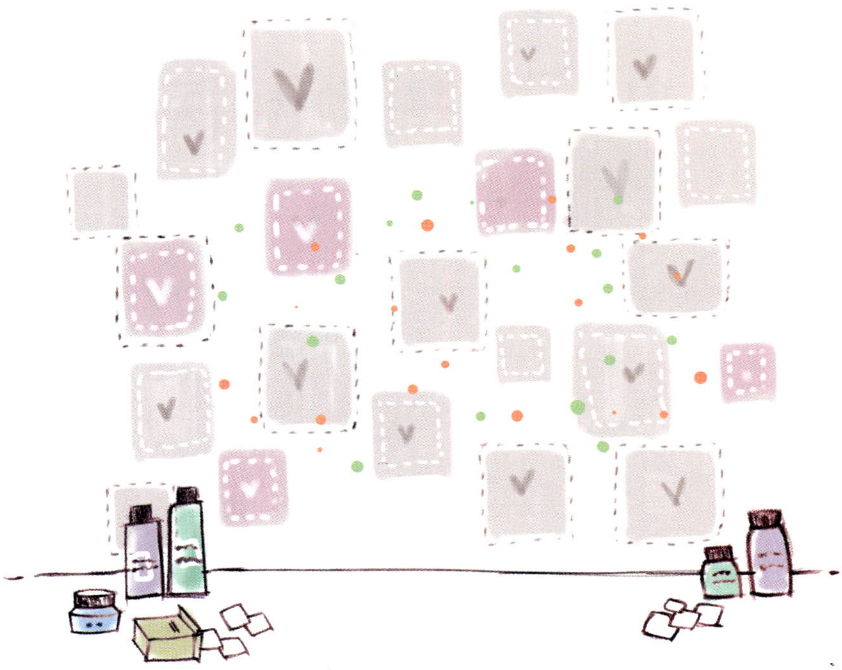

1. 피부관리사의 준비

facetreatment

1) 복장

복장은 상·하의 모두 흰색으로 선택하고 항상 깨끗하고 단정하게 유지하여야 한다.

2) 두발

두발은 머리망을 이용하여 단정히 묶는다.

3) 화장

짙은 화장은 거부감을 줄 수 있으므로 가볍고 깨끗한 화장을 한다.

4) 실내화

실내화는 흰색을 선택하고 항상 청결함을 유지한다.

5) 손톱

손톱은 짧게 유지하고 항상 손을 청결하게 씻는다.

6) 액세서리

반지와 팔찌 그 외에 화려한 액세서리는 피한다.

7) 태도

친절한 서비스 정신으로 고객에게 경어를 사용하며 적극적인 태도로 대한다.

그림 4-1 피부관리사의 준비

2. 피부관리실의 필요물품 준비

facetreatment

1) 베드 준비

베드 위에 베드시트와 데콜테 마사지나 전신 마사지 시에 활용되는 비닐 커버를 씌운다. 이불은 여름용과 겨울용을 구분하여 사용하며 수건은 흰색의 면 소재 수건을 선택한다.

2) 터번

고객의 머리카락을 감싸고 고정하는데 이용된다.

3) 고객가운

탈의실이나 베드 옆에 고객 가운을 비치해 놓는다.

3. 웨건 준비

facetreatment

1) 웨건 1단

(1) 화장품

피부 유형과 피부 관리의 목적에 따라 일반제품과 특수 제품을 준비한다.

(2) 스파츌라

크림 등의 화장품을 덜어 쓸 때 사용하며 위생적이다.

(3) 화장솜
화장수를 바르거나 매니큐어를 지울 때 사용한다.

(4) 면봉
포인트 메이크업을 지울 때, 국소용 제품을 도포하거나 여드름을 짤 때 사용한다.

(5) 티슈
화장품의 잔여물을 제거하거나 팩이 흘러내리지 않게 뒤처리할 때 사용한다.

(6) 브러시
팩 제품을 도포할 때 사용한다.

(7) 눈썹 브러시, 가위, 족집게, 눈썹칼
눈썹 정리 시에 사용한다.

(8) 알콜
손 소독이나 비품 소독 시 사용된다.

(9) 핀셋
화장솜 등을 위생적으로 잡기 위해 사용한다.

2) 웨건 2단

(1) 보울
사용 목적에 따라 그 크기와 재질이 다르다. 큰 플라스틱 볼은 해면 스펀지를 물에 적셔 사용할 때 사용, 유리 볼은 제품을 적당량 덜어 쓸 때 사용, 고무 볼은 팩 재료를 혼합할 때 사용한다. 재질은 고무, 플라스틱, 유리로 된 세 가지의 종류가 있다.

(2) 해면
클렌징이나 팩 제거 시 피부에 남아있는 잔여물을 자극 없이 제거하는데 사용한다.

(3) 거즈

팩 및 마스크를 할 때 사용한다.

(4) 증류수

제품 희석 시 사용한다.

(5) 냉습포

팩 및 마스크의 마무리 단계에서 사용한다.

(6) 쓰레기통

뚜껑이 달린 것을 사용하여 항상 청결하게 한다.

3) 웨건 3단

관리 중에 사용한 습포나 해면 등을 바구니에 담아 놓는다.

그림 4-2 웨건 준비 상태

4. 피부관리 단계

facetreatment

1) 피부관리의 단계

(1) 고객상담(counselling)

피부관리실에 방문한 목적 파악과 개인의 객관적, 주관적인 사항을 조사하여 고객카드를 작성한다.

(2) 피부분석과 진단(skin analysis diagnosis)

피부를 분석하여 진단하고 효율적인 피부관리 계획을 수립한다.

(3) 고객카드 작성(client card carte)

피부 신상 및 피부를 분석한 결과를 작성한다.

(4) 피부관리 계획(skin care plan)

피부의 문제를 파악하고 피부 유형에 맞는 제품과 관리 단계를 설정한다.

(5) 관리(treatment)

세안, 화장수 정리, 보습, 딥 클렌징, 마사지, 마스크 순으로 고객의 피부 유형에 맞는 관리를 실시한다.

(6) 정돈, 마무리단계(finish)

관리 내용을 고객카드에 기록한다.

(7) 가정에서의 관리방법 조언(home care advice)

고객의 피부 타입에 맞는 관리 방법을 가정에서 올바르게 할 수 있도록 조언한다.

Chapter 5
클렌징

1. 클렌징(cleansing)

facetreatment

피부관리에 있어서 가장 먼저 시행하여야 하는 과정으로 피부에 묻어 있는 피지, 먼지 등의 더러움을 제거하여 피부를 청결하게 하며 피부 호흡과 흡수를 원활하게 하고 피부 위생을 유지하게 한다. 효과적인 클렌징을 하기 위해서는 미온수를 사용하여 피부 타입에 맞는 세안제를 선택하여 자극을 주지 않게 가볍게 문지르는 것이 중요하다.

2. 클렌징의 단계

facetreatment

1) 포인트 메이크업 클렌징(point make-up cleansing)

클렌징의 첫 단계로 유성 색조 성분을 효과적으로 제거할 수 있는 포인트 메이크업 리무버를 사용하여 아이섀도, 마스카라, 눈썹, 아이라인, 입술 화장을 닦아내는 과정이다. 포인트 메이크업을 깨끗이 지우지 않을 경우 눈과 입술 부위에 색조 메이크업의 잔여물이 남게 되어 색소침착이나 주름의 원인 될 수 있으므로 포인트 메이크업 전용 제품을 사용하여야 한다.

2) 안면 클렌징(facial cleansing)

얼굴과 목 등의 전체적인 클렌징 방법으로 피부타입에 맞는 클렌징 제품을 선택하여 부드럽게 클렌징 한 다음 티슈로 닦아낸다. 클렌징제가 피부에 흡수 되는 것을 막으려면 약 3분 정도의 시간 내에 닦아낸다.

3) 화장수 도포(toner)

피부 유형에 맞는 전문제품을 사용하여 면 패드에 묻힌 후 얼굴과 목 등의 부위를 부드럽게 닦아낸다.

3. 클렌징의 종류

1) 클렌징 크림(cleansing cream)

친유성의 크림 상태(W/O)제품으로 유분이 많아 이중세안이 필수적이다. 세정력이 뛰어나 진한 메이크업을 하고 난 후 적합하며 지성피부나 예민한 피부를 가진 사람은 가급적 피하는 것이 좋다.

2) 클렌징 밀크(cleansing milk)

친수성 로션 상태(O/W)제품으로 이중세안이 필요없다. 사용 후 느낌이 산뜻하고 자극이 적으며 건성, 노화, 민감피부에 적합하나 클렌징 크림보다 세정력이 약하다.

3) 클렌징 오일(cleansing oil)

물과 친화력이 있는 오일 성분을 배합시킨 제품으로 물에 쉽게 용해되어 진한 화장을 한 다음 사용하기 좋다. 건성, 예민성 노화피부에 적합하다.

4) 클렌징 젤(cleansing gel)

오일 성분이 전혀 함유되지 않은 제품으로 이중세안이 필요없다. 지성, 여드름, 예민, 알레르기성 피부에 적합하다.

5) 클렌징 워터(cleansing water)

화장수, 계면활성제, 에탄올을 소량으로 배합한 제품으로 가벼운 화장을 지우거나 피부를 닦아 낼 때 사용한다.

6) 클렌징 티슈(cleansing tissue)

클렌징 워터를 티슈에 적신 것을 휴대용으로 사용한다.

7) 폼 클렌징(foam cleansing)

계면활성제형 세안화장품으로 비누처럼 거품이 난다. 닦아내는 타입의 세안제 사용 후 이중세안용으로 적합하다.

4. 화장수(Toner)

facetreatment

화장수는 토너, 토닉, 스킨토닉, 토닉로션, 후레쉬너, 아스트리젠트 등의 다양한 이름으로 불리며 피부에 남아있는 클렌징 제품의 잔여물을 닦아내는 역할과 세안 후 불균형 상태에 놓여있는 피부의 ph밸런스를 맞춰준다.

1) 화장수의 종류

(1) 유연화장수

유분과 수분을 보충하여 피부 각질층을 촉촉하고 부드럽게 하며 건성과 노화피부에 적합하다.

(2) 수렴화장수

모공을 수축시켜 피부결을 정돈하며 신선감과 청량감을 준다. 지성, 중성, 복합성 피부에 사용되며 모공확장, 피지, 땀에 오염되기 쉬운 여름철에는 모든 피부에 사용된다.

(3) 소염화장수

모공수축, 신선감, 청량감을 주며 살균 소독을 통하여 피부를 청결하게 한다. 지성, 여드름, 복합성 피부 T-존 부위의 염증이 생긴 피부에 사용된다.

5. 클렌징 테크닉

facetreatment

1) 포인트 메이크업 클렌징 테크닉

(1) 리무버를 묻힌 솜을 눈과 입술에 얹는다.

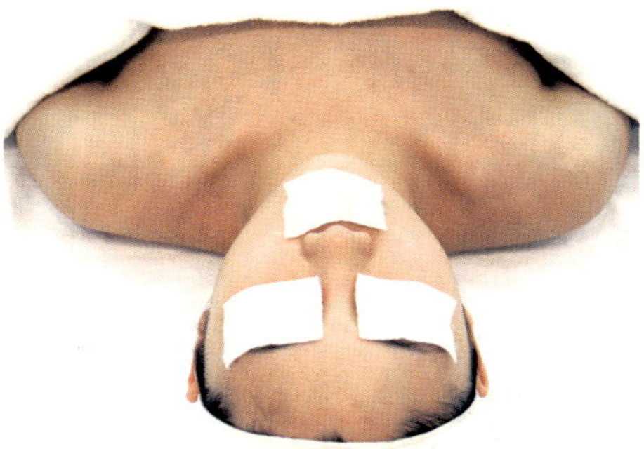

(2) 눈꺼풀 안쪽을 지그시 누른 후 눈꼬리 쪽으로 닦아내고 솜을 반으로 접어 속눈썹 아래에 둔다.

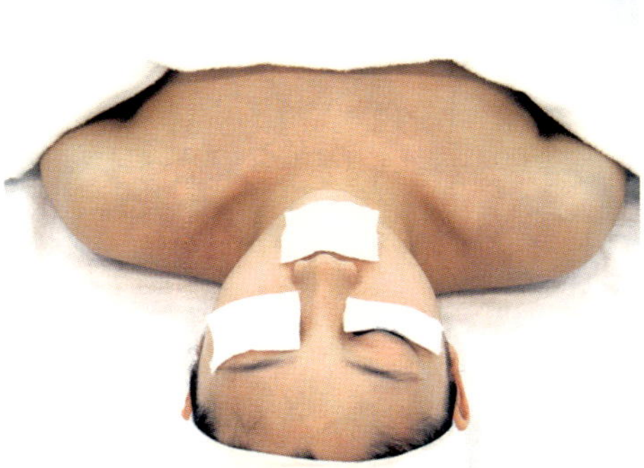

(3) 리무버를 묻힌 면봉으로 안에서 밖으로 아이라인을 지운다.

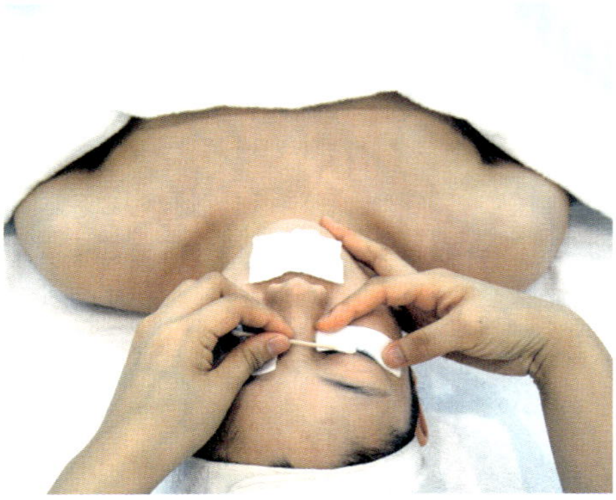

(4) 리무버를 묻힌 면봉으로 위에서 아래로 마스카라를 지운다.

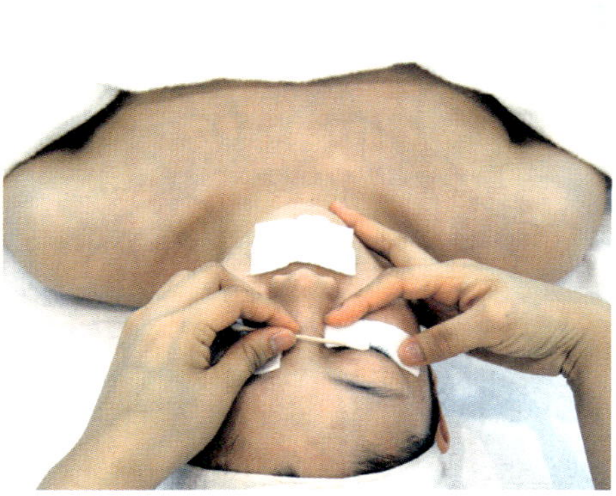

(5) 엄지로 속눈썹 아래의 솜을 빼면서 눈 아래를 닦아낸다.

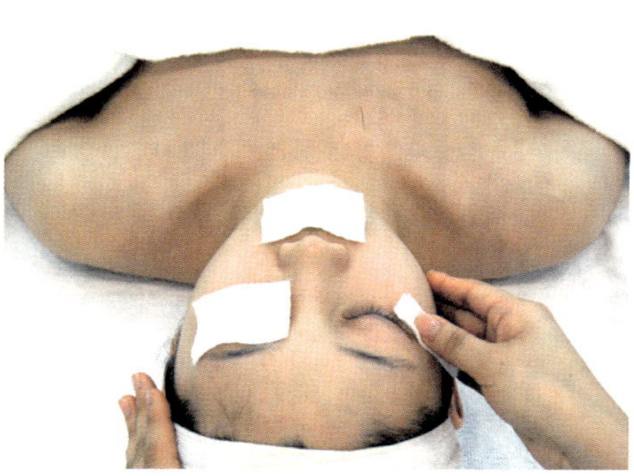

(6) 솜의 반대편으로 눈꺼풀과 눈썹을 닦아준다.

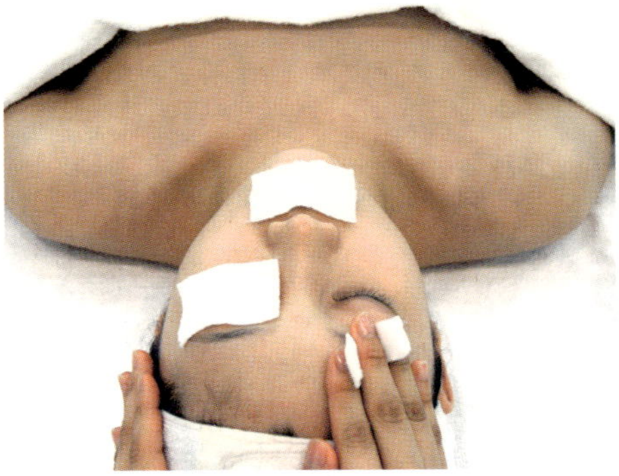

(7) 반대편 2-7번 동작을 한다.

(8) 입술에 덮은 솜으로 입술 전체를 지운다.

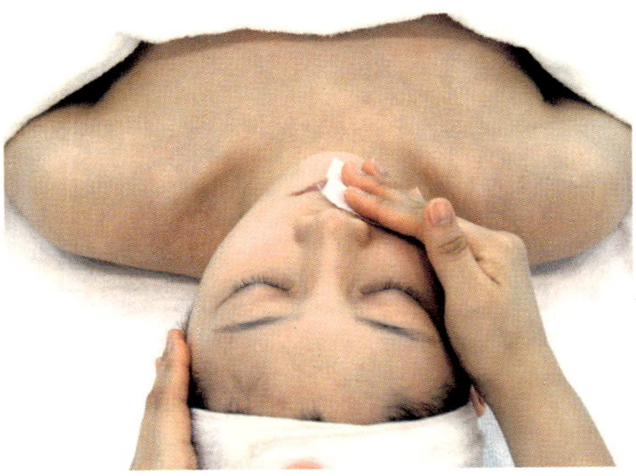

(9) 아랫입술은 위로 위에 입술은 아래로 닦아주고 원을 그리며 닦아준다.

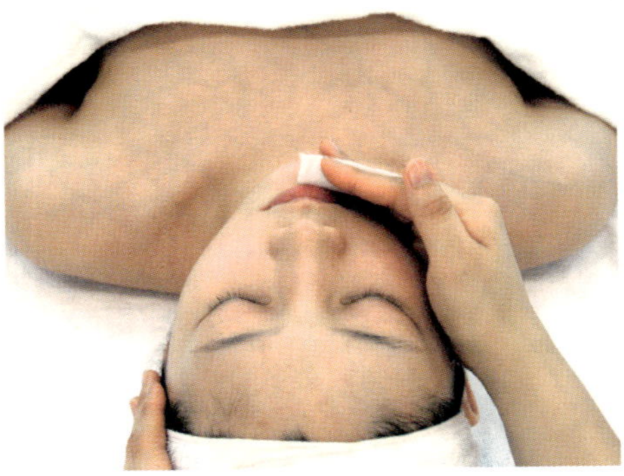

2) 안면 클렌징 테크닉

(1) 피부 타입에 맞는 클렌징 제품을 도포 한다.

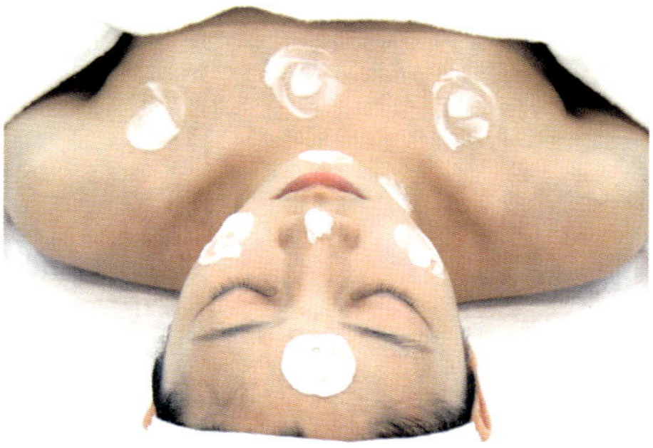

(2) 양손을 좌우 교대로 앞가슴 전체를 사슬모양을 그리며 쓸어준다.

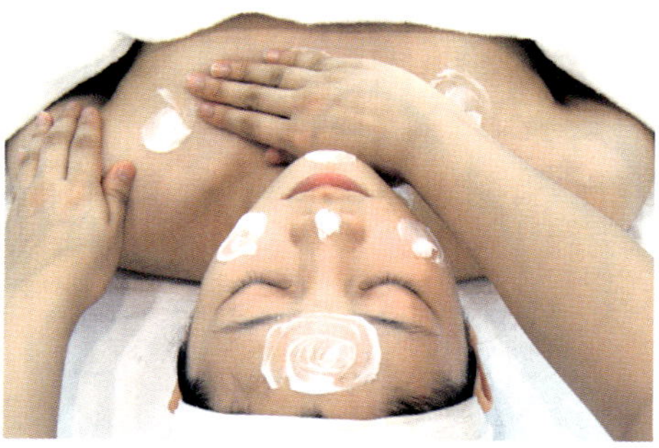

(3) 양손을 좌우 교대로 앞가슴 전체를 가로로 쓸어준다.

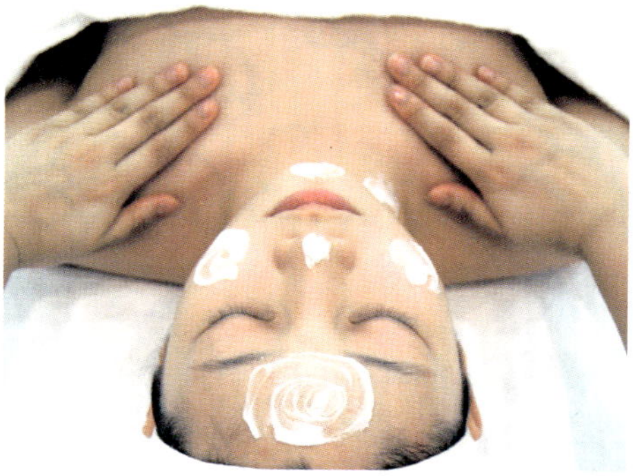

(4) 두 손바닥 이용하여 가슴 중앙에서 액와 부위까지 굴려준다.

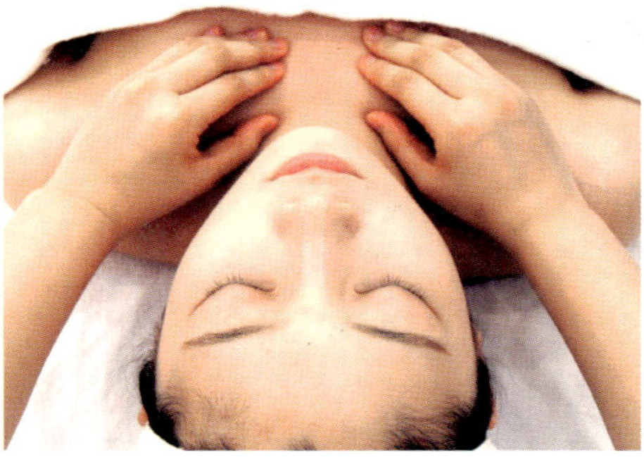

(5) 양 손바닥을 교대로 목을 쓸어준다.

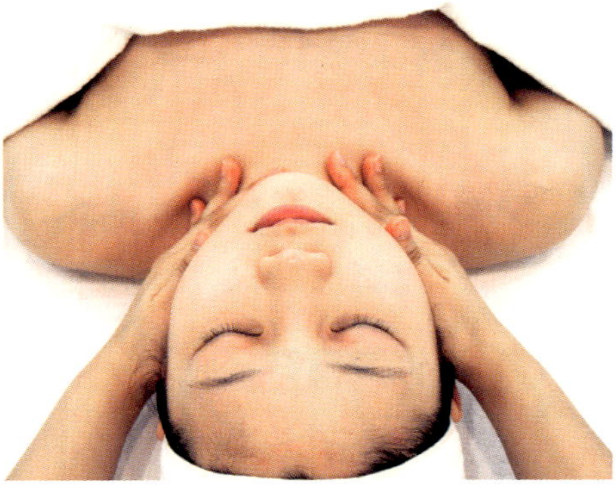

(6) 양 손바닥을 교대로 턱을 쓸어 올리고 입술 주변을 쓸어준다.

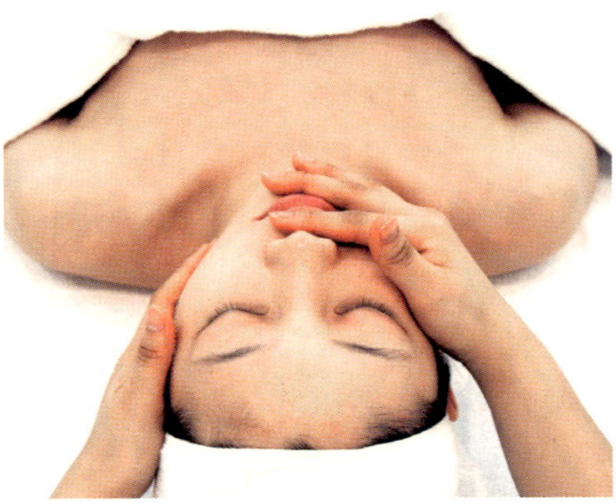

(7) 중지 약지로 입가를 쓸어 올려준다.

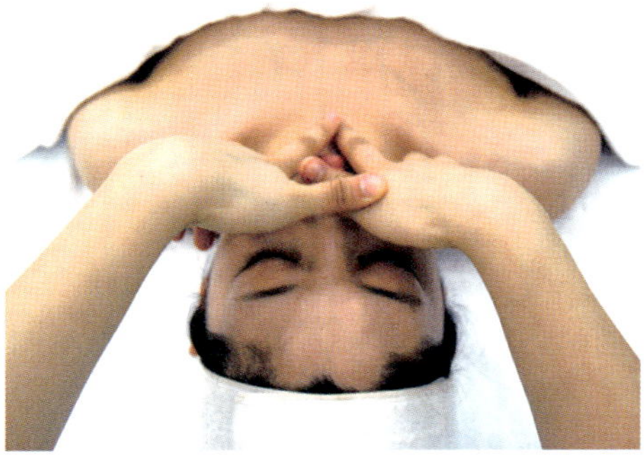

(8) 중지로 콧망울을 원그리며 문지른다.

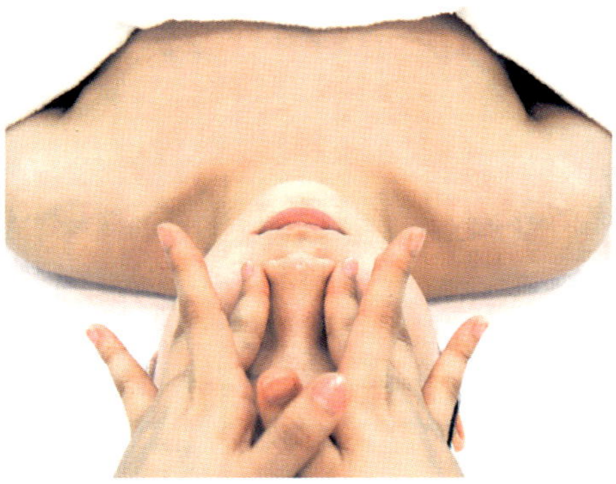

(9) 중지로 코등과 코벽을 쓸어준다.

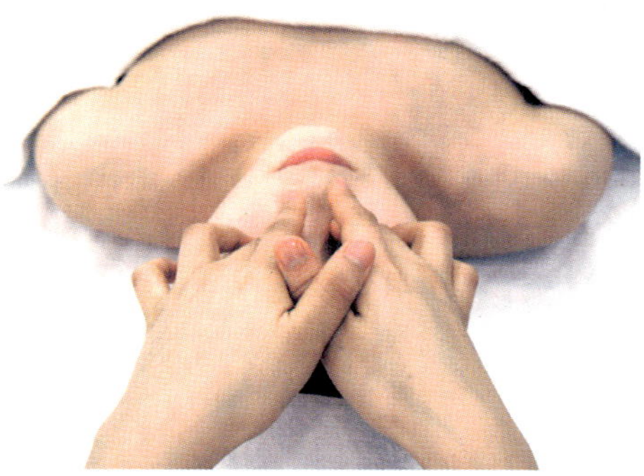

(10) 중지로 눈 주위를 원 그리며 쓸어준다.

(11) 엄지로 눈 아래를 안에서 밖으로 쓸어준다.

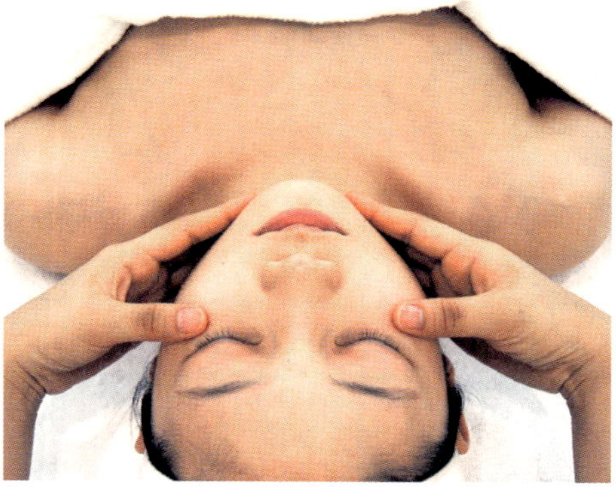

(12) 네 손가락을 이용하여 이마를 쓸어 올려 준다.

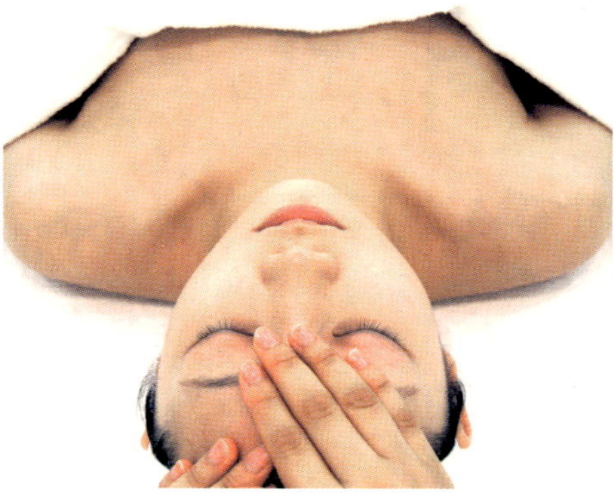

3) 해면 사용법

(1) 해면을 얹어 지그시 눌러주면서 눈을 닦아준다.

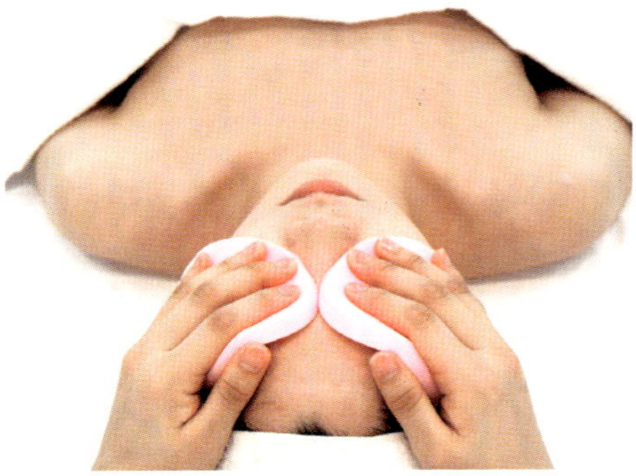

(2) 해면의 반을 접어 눈과 눈 아래를 닦아준다.

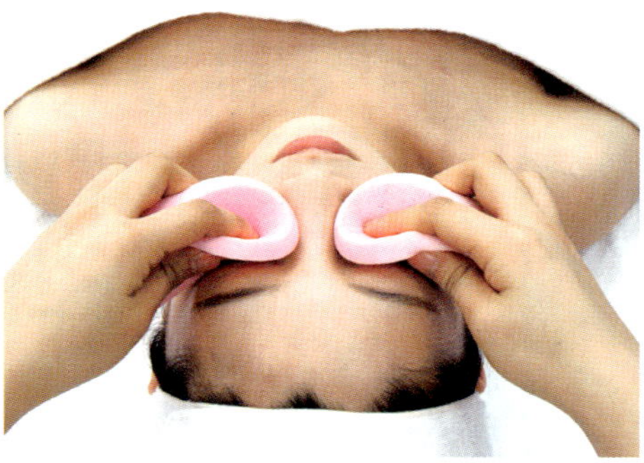

(3) 이마를 쓸어올리며 닦아준다.

(4) 코등과 코벽을 닦아준다.

(5) 양볼을 닦아준다.

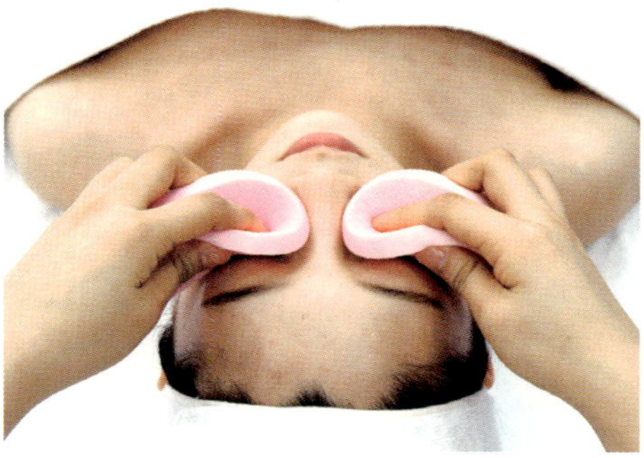

(6) 목을 쓸어 올리며 닦아준다.

(7) 앞가슴을 닦아준다.

(8) 귀를 닦아준다.

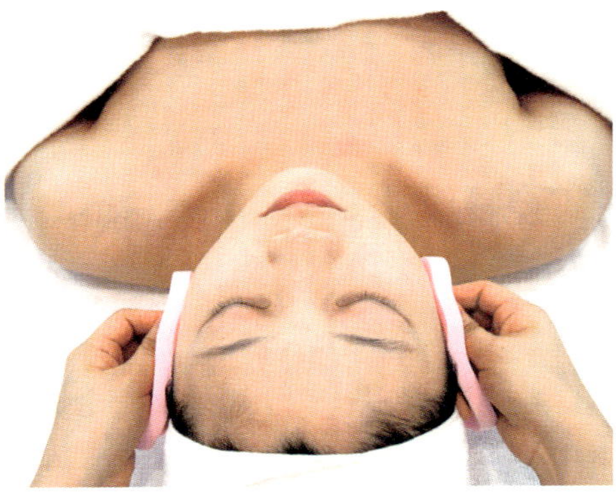

4) 습포 사용법

(1) 온도 체크 후 코 밑에 습포를 얹어 놓는다.

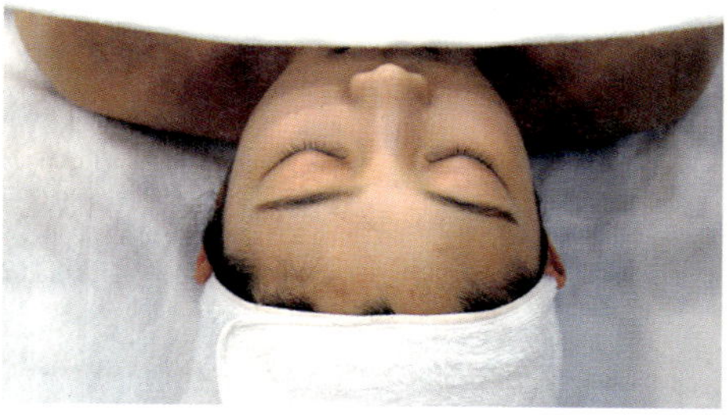

(2) 습포를 삼각형으로 접어 얼굴 전체를 덮는다.

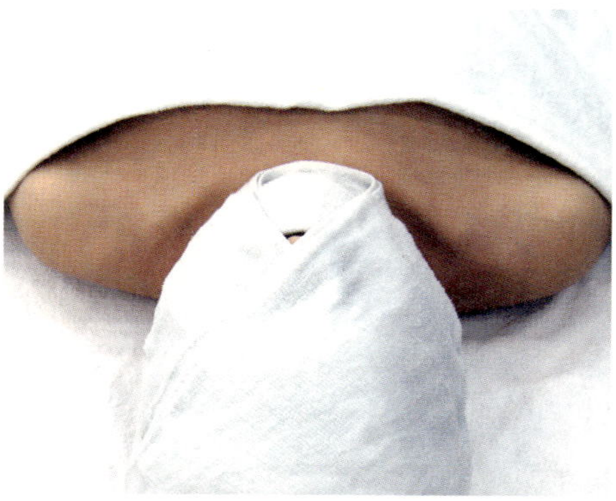

(3) 이마, 눈, 볼 순으로 가볍게 눌러 준다.

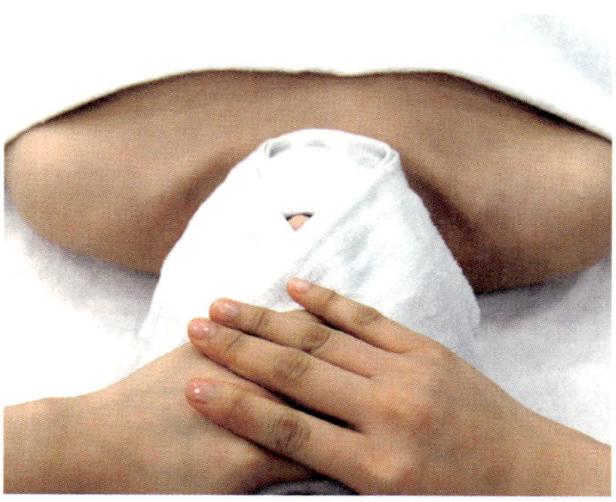

(4) 습포 내 접혀진 부분에 손바닥을 넣어 얼굴을 닦아준다.

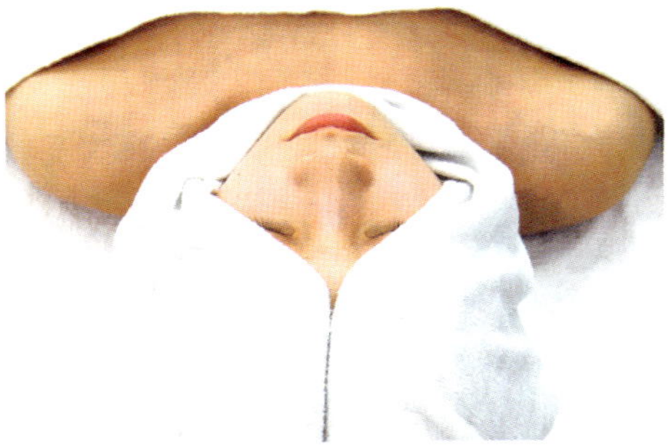

(5) 습포를 반으로 접어 손에 끼워서 목과 앞가슴을 닦아준다.

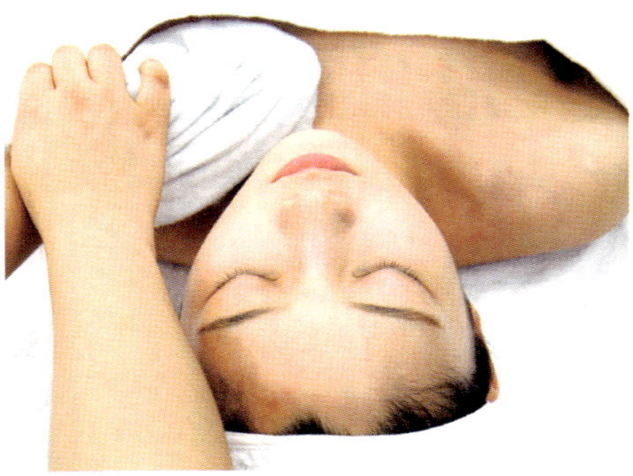

5) 솜 사용법

(1) 양손 중지에 솜을 끼워 눈 주변을 닦아준다.

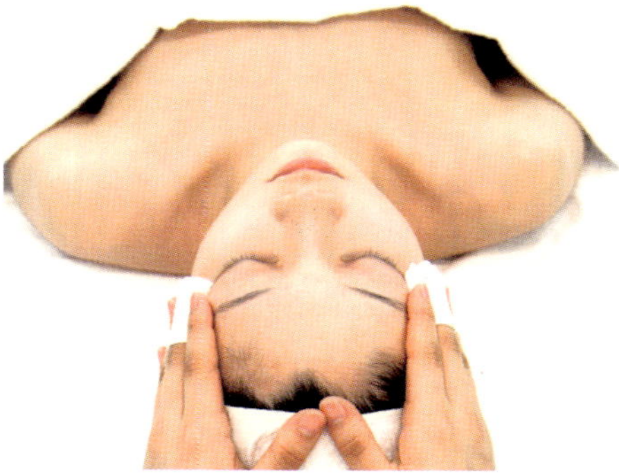

(2) 이마를 쓸어올리며 닦아준다.

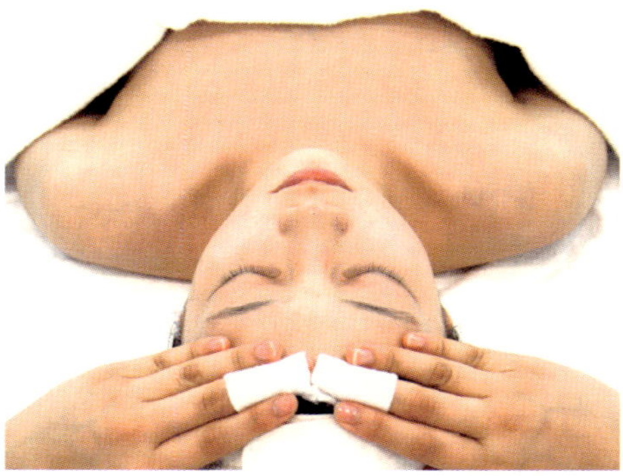

(3) 코등과 코벽을 닦아준다.

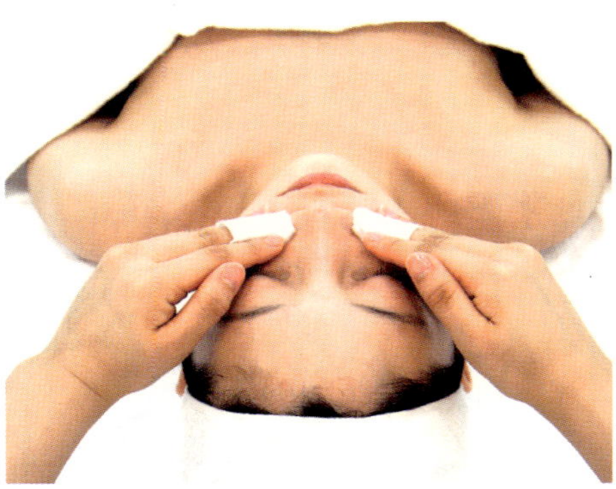

(4) 볼을 닦아준다

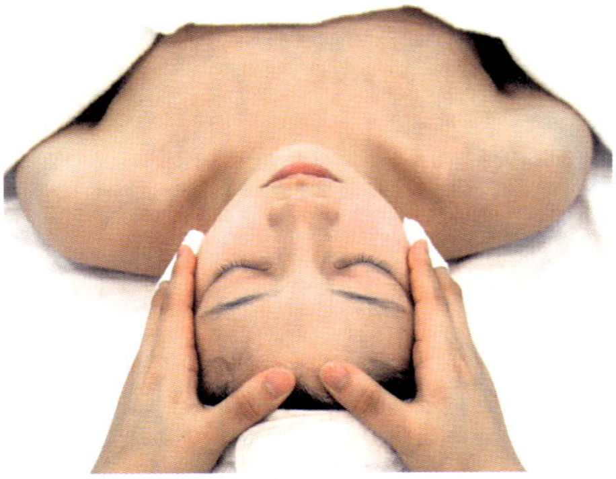

(5) 목을 쓸어 올리며 닦아준다.

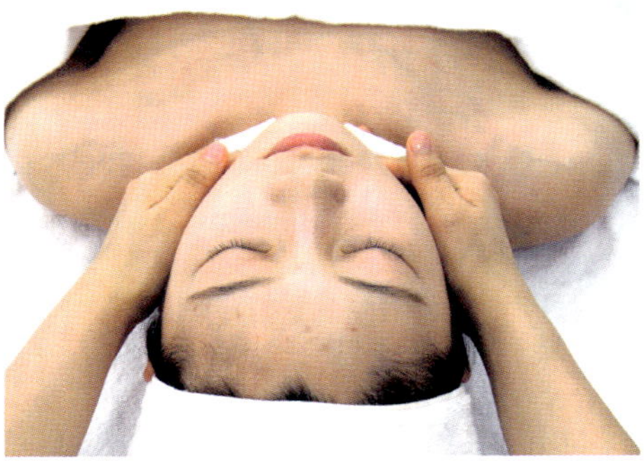

(6) 앞가슴을 닦아준다.

Chapter 6

피부상담 및 분석

1. 피부상담(skin counseling)

facetreatment

상담이란 서로 말을 주고받는다는 의미를 포함하고 있으며 대화, 설교 혹은 토론과는 차이가 있다. 상담이란 도움을 필요로 하는 사람(내담자, client)이 전문적인 경험과 지식을 갖추기 위해 일정 훈련을 받은 사람(상담자, counselor)과의 촉진적인 관계형성을 통해 이루어지는 것이다. 피부관리실에서의 상담은 각종 피부 문제와 그 원인을 정확히 파악하여 이를 대처해 나가는데 중점을 두어야 하며 피부관리실 방문의 주된 목적이 무엇인지를 일차적으로 파악해야 한다.

1) 고객 관리카드 작성

(1) 고객 신상 카드

① 카드 작성 시 직업은 구체적으로 기입한다.
② 가족사항 및 고객의 특기, 취미 등도 기입한다.
③ 개인의 신상이나 사용하고 있는 제품의 종류 등을 기입한다.

(2) 피부 유형 진단 카드

① 피부에 나타나는 문제점들을 구체적으로 기록한다.
② 피부 관리 시 종합적인 의견을 피부 유형에 맞게 기록한다.
③ 피부유형과 함께 체형도 어떤 타입인지 표시를 한다.

(3) 고객 피부 관리 기록 카드

① 날짜를 기입 한 후 절차에 따라 사용한 제품명과 사용 기기명도 함께 기록한다.
② 관리사 기록란에는 당일 해당 관리사의 이름을 적어둔다.
③ 고객 스스로가 가정에서의 관리도 병행할 수 있도록 전문가적인 조언을 기록한다.
④ 관리 전과 후의 모습을 비교할 수 있도록 사진을 찍어 두는 것도 좋다.

2. 피부분석(skin analysis)

facetreatment

피부관리사로서 피부 관리에 대한 기본 지식과 정확한 피부타입을 식별하여 각각에 맞는 관리 방향을 잡고 계획할 줄 아는 체계적 관리방법이 필요하다. 전문화된 피부 분석을 통한 전문적 차트작성 능력과 피부 식별 및 정확한 진단이 이루어진 후 피부관리를 시작하여야 좋은 효과를 기대할 수 있을 것이다.

1) 피부분석의 방법

(1) 문진법

피부에 대한 여러 가지 질문을 통하여 자료를 얻는 방법으로 피부분석 과정에서 기본적으로 필수적인 과정이다.
고객의 병력, 연령, 직업, 가족관계, 환경, 성격 등에 관한 질문에 답변한 것을 상세하게 기록하는데 고객의 입장에서 쉽게 대답할 수 있도록 체계적이고 구체적으로 질문한다.

(2) 촉진법

객관적인 상황에서 촉감을 통한 피부 판별법으로 만져보거나 눌러봄으로써 판독하는 방법이다. 피부 예민성의 정도를 관찰할 수 있고 피부 탄력성 체크, 피부 두께 및 피부결 체크, 유·수분의 함량을 관찰할 수 있다.

(3) 견진법

피부분석기기 및 확대경이나 육안으로 피부를 판별하는 방법으로 피부색, 피부 조직의 상태, 모공의 크기, 피부 투명도, 모세혈관 확장 정도를 체크할 수 있고 피부보습상태, 건조상태, 피지분비 상태, 예민도 파악, 여드름 상태 및 색소침착 상태 등 문제성 피부를 파악할 수 있다.

3. 피부유형별 관리방법

facetreatment

1) 정상피부(normal skin)

피부의 미(美)적, 기능적인 면에서 조화를 이루고 있는 가장 이상적인 피부상태이다. 피부의 피지선과 땀샘의 생리기능이 정상적이며, 수분과 유분이 적절한 균형을 이루고 있으며 피부관리의 궁극적인 목적은 이러한 피부상태에 가깝게 하고자 하는 것이다.

(1) 특징

① 피부결은 섬세하고 부드러우며, 표면이 매끄럽고 촉촉하다.
② 볼 주위로 핑크빛 혈색을 보이며, 코에 약간의 블랙헤드가 있는 경우가 있다.
③ 유·수분이 적절한 상태로 세안 후 당기거나 각질이 일어나지 않으며, 번들거리고 끈적이는 등의 문제가 없다.

④ 피부의 탄력이 좋고 잔주름도 없으며, 색소침착도 없다.

⑤ 피부상태가 정상적이기 때문에 피부관리에 소홀할 경우가 있으며, 연령·계절·환경에 따라 화장품 선택을 변화시키면서 현재의 상태를 유지하는 것이 목적이다.

(2) 관리제품

① 클렌징

클렌징 밀크, 클렌징 크림, 클렌징 오일 등 메이크업 상태에 따라 적용가능하며 정기적으로 스크럽이나 효소를 이용하여 딥클렌징을 해준다.

② 화장수

피부의 유연 및 보습을 줄 수 있는 유연화장수를 사용한다.

(3) 관리방법

① 현재 상태를 보호하고 유지하는 것이 관리의 포인트이다.

② 내·외적 요인들에 의해 변화되기 쉬우므로 손상요인들을 예방하고 균형을 유지한다.

③ 매일 규칙적인 기초손질을 계속하여 유분과 수분의 균형을 맞추고, 주름이 지기 쉬운 눈가는 아이전용 제품으로 관리를 하도록 한다.

④ 자외선에 오래 노출하여 피부가 자극 받지 않게 조심한다.

⑤ 세안 시 지나친 탈지가 되지 않고 pH밸런스를 유지할 수 있는 화장품을 쓰며, 미지근한 물을 사용한다.

⑥ 가을에는 수분증발로 인하여 건조피부로 전환될 수 있으므로 수분관리를 철저히 하도록 한다.

⑦ 규칙적이고 균형 잡힌 식사로 단백질·비타민·수분을 섭취하고, 충분한 수면을 취한다.

⑧ 계절과 연령에 따라 화장품의 종류와 매뉴얼테크닉·팩 등의 횟수를 조절하며, 팩은 보습과 영양위주로 한다.

⑨ 특히 재생위주의 제품이나 지나치게 유분이 많은 제품은 연령을 고려하여 사용한다.

2) 건성피부(dry skin)

피지와 수분 부족으로 피부에 각질이 일어나고 윤기가 없으며 또 세안 후 아무것도 바르지 않으면 심하게 당기는 피부이다. 연령이 증가함에 따라 건성피부로 변해가는 경향이 있다.

(1) 특징

① 피부결은 섬세하고 피부조직이 얇으며, 건조 시 갈라지거나 트는 상태를 보인다.
② 모공이 작아서 거의 보이지 않고, 피부에 윤기가 없어 메말라 보이며, 세안 후 당김을 느낀다.
③ 피부의 탄력이 없고 잔주름이 많으며, 피부 저항력이 약하다.
④ 메이크업이 잘 지워지지 않고 오래 지속되기는 하나, 화장이 잘 받지 않고 들뜨기 쉽다.
⑤ 피지선과 한선의 기능이 저하되어 피부가 당기고 눈가나 입주위에 잔주름이 잘 생기며 수분부족과 유분부족을 잘 체크하여 이에 적합한 화장품을 사용하는 것이 좋다.

(2) 원인

① 연령의 증가, 계절, 환경의 변화, 다이어트, 사우나, 자외선 노출 등으로 인하여 피부가 쉽게 변한다.
② 수분과 유분의 부족으로 인해 발생하며, 유전적으로 피부조직이 얇으면 각질층도 얇아서 수분증발방지 등의 보호기능이 약해 건성피부가 된다.
③ 후천적으로는 스트레스, 호르몬의 불균형, 신진대사 이상 또는 소화기 계통이나 간 기능의 이상 등으로 인해 피지선과 땀샘의 기능이 저하되어 건성피부가 된다.

(3) 관리 제품

① 클렌징

클렌징크림, 클렌징오일 등 피부상태에 맞는 클렌징을 선택하며 정기적으로 스크럽이나 효소를 이용하여 딥클렌징을 해준다. 세정력이 강한 비누세안은 자제한다.

② **화장수**

피부의 유연 및 보습을 줄 수 있는 유연화장수를 사용하며 알코올 함량이 많은 것은 피한다.

③ **보호용 화장품**

피부타입에 맞는 유분과 수분이 함유된 에몰리엔트 크림, 에센스 등이 있다.

④ **팩**

신진대사를 원활하게 하기 위하여 주 1회 보습팩, 영양팩, 워시오프(wash off)타입 등이 있다.

(4) 관리방법

관리포인트는 수분공급과 함께 피지분비를 정상화하는 것이다. 보습효과가 우수한 화장품을 통하여 유·수분 공급을 충분히 할 수 있도록 한다. 눈가에는 아이크림을 사용하여 잔주름을 예방한다. 지나치게 유분이 많은 화장품은 피부의 항상성을 잃게 하여 피지선의 기능이 퇴화하며, 오히려 피부건조를 가속화시킬 수 있기 때문에 주의하여야 한다.

① **건성피부의 종류별 관리방법**

수분부족 건성피부(moisture dry skin, dehydration skin)

ⓐ 땀샘의 기능 저하 혹은 피부 속의 수분량이 부족한 상태이다. T존 부위의 모공이 조금 크게 보이며, 쉽게 민감해지고 조기 노화가 올 수 있다.

ⓑ 보습위주의 관리를 하고 수분증발방지를 위해 오일성분이 약간 함유 된 제품으로 마무리 한다.

ⓒ 피부의 겉과 속이 모두 건조하므로 규칙적인 관리와 함께 물을 많이 마신다.

ⓓ 순환이 저하되면 각질층이 두꺼워지게 되므로 주기적인 각질 제거가 필요하며, 팩과 마스크로 순환을 촉진하는 것도 좋은 관리방법이다.

유분부족 건성피부(oily dry skin)

ⓐ 영양부족, 광물성이나 동물성 오일이 함유된 크림 등의 오랜 사용 등이 원인이 되어 피지선의 기능이 저하된 피부상태이다.

ⓑ 피부결이 섬세하고 모공이 작으며 당김이 심하고 조기노화현상인 잔주름이 많다.

ⓒ 규칙적인 관리로 피지선의 기능을 활성화시켜 피지분비가 증가되도록 한다,

ⓓ 식물성 오일이 함유된 크림을 사용한다.

유·수분부족 건성피부(alipic skin)

ⓐ 땀샘과 피지선의 기능저하가 원인이 되며, 모공은 너무 작아 거의 눈에 띄지 않는다.

ⓑ 모공을 통한 피지의 분비량이 적어 피지막 형성이 저조하고, 피부의 수분증발을 방지 할 수 없으므로 항상 당기는 느낌을 받으며 심할 경우 가려움증과 잔주름이 형성된다.

ⓒ 땀의 분비가 적어 피부의 수분부족이 계속되면 자연히 유분부족현상까지 동반된다.

ⓓ 피부조직이 얇아서 자극에 민감하게 반응하므로 주의한다.

ⓔ 각질탈락현상이 보이며, 노화의 속도가 빠르다.

ⓕ 피부에 수분과 유분을 동시에 공급하는 관리를 한다,

ⓖ 보습 에센스를 사용하여 수분증발을 방지하기 위해 식물성 오일이 함유된 크림으로 마무리하고 보습과 영양공급 위주로 팩과 마스크를 해준다.

ⓗ 적절한 실내 습도를 유지하고, 건조한 공기에 오래 머무르지 않도록 한다.

3) 지성피부(oily skin)

피지의 분비가 왕성하여 각질층이 두꺼워져 있으며 메이크업을 했을 경우 잘 지워진다. 피부가 번들거리고 모공이 넓으며 모공 속에 노폐물이 쌓여 여드름을 유발하기도 한다.

(1) 특징

① 피부결이 거칠고 울퉁불퉁하며 피부 두께가 두껍고 투명감이 없다.

② 모공이 불규칙하고 피부조직이 두껍다.

③ 피부가 칙칙하며, 여드름 같은 피부트러블이 많이 발견된다.

④ 계절적 영향과 사춘기 청소년에게 많이 볼 수 있고 저항력이 강하여 노화의 진행은 느린 편이다.

⑤ 과다한 피지분비로 인하여 모공이 넓고 번들거리며 여드름이 잘 발생하는데 이러한 피부 문제점을 개선하는 것을 목적으로 화장품을 선택한다.

(2) 원인

① 유전적인 영향, 지방과 탄수화물, 향신료 및 기호 식품의 과다섭취, 계절적 영향 등으로 나타난다.

② 부신피질 호르몬제의 잘못된 사용, 스트레스나 수면부족 등으로 인한 호르몬의 불균형이 피지선을 자극하여 지성피부가 될 수 있다.

(3) 구분

땀샘(한선)의 기능 저하에 따라 유성 지루성피부와 건성 지루성피부로 나눌 수 있다.

① **유성 지루성피부**(seborrhoea oleosa skin)

각질층이 유난히 두껍고 피지 과다 분비로 피부가 번들거리고 전체적으로 모공이 확장된 피부로 세균에 대한 저항력이나 방어능력이 약한 피부이다.

② **건성 지루성피부**(seborrhoea sicca skin)

피지는 과다 분비되나 땀샘의 기능 저하로 수분이 부족하여 피부 당김이 있고 각질이 일어나며 쉽게 자극을 받는 피부이다.

(4) 관리 제품

① **클렌징**

끈적임이 없는 오일프리 클렌징로션이나 클렌징워터 또는 클렌징티슈를 사용하며 유분이 적고 산뜻한 클렌징제품을 선택하여 이중세안을 한다. 정기적으로 스크럽이나 효소를 이용하여 딥클렌징을 해준다.

② **화장수**

모공수축, 진정, 소염작용을 하는 수렴화장수를 사용하며 지나치게 알코올 함량이 많은 것은 피한다.

③ **보호용 화장품**

수분이 함유된 에센스, 에몰리엔트 크림 등이 있다.

④ **팩**

피지분비를 조절, 모공수축, 진정작용이 있는 팩을 사용한다.

(5) 관리방법

① 관리의 포인트는 피지분비를 조절하여 염증성 병변으로 전이되는 것을 예방한 후 모공확장으로 인한 피부문제를 해결해 주는 것이다.
② 땀샘(한선)과 피지선의 정상화가 유지될 수 있도록 균형적인 관리가 이루어져야 한다.
③ 모공확장이 문제가 될 경우에는 필링과 재생관리를 한다.
④ 피지 과다분비의 경우 탈지관리와 함께 유·수분의 균형을 맞추는 기능이 우수한 비타민 B군을 충분히 섭취한다.
⑤ 피부표면의 불순물, 모공 속의 각질과 피지를 녹여 막힌 모공을 열고 정화하기 위하여 규칙적으로 효소를 이용한 딥클렌징(deep cleansing)을 하는 것이 좋다.
⑥ 세정력이 강한 알칼리 제품은 피부보호막을 손상시킬 수 있으므로 피하는 것이 좋다.
⑦ 피지제거기능과 모공수축효과가 뛰어난 에틸알코올 성분의 화장수나 유분이 적은 오일프리(oil free)제품을 사용한다.
⑧ 유분이 너무 많거나 지나친 탈지관리제품은 피한다.

4) 복합성피부(combination skin)

피지분비량이 균형을 이루지 못하여 중성과 건성, 중성과 지성 등의 두 가지 이상의 피부 성질이 나타나는 피부유형이다. 화장이나 기후변화에 따라 일시적으로 나타나기도 하며, 민감한 피부타입에 많다. 부위별로 2가지 이상의 피부타입이 나타나므로 피부

부위에 따른 철저한 관리가 중요하며, 대부분 T존 부위는 지성이며 U존 부위는 건성을 나타내므로 이에 맞는 관리를 해준다.

(1) 특징

① 이마나 코 주변의 T존은 번들거림이 심하고 여드름이나 뾰루지가 잘 발생하며 뺨과 턱의 U존 부위는 피지는 많은데 수분이 부족하여 건조한 복합적 피부타입이다.
② T존 부위는 큰 모공에 비해 피부가 두껍고 거칠어 보이는 반면 볼은 비교적 섬세하고 눈가나 입가에 잔주름이 형성되기 쉽다.

(2) 원인

① 주로 계절이 바뀌는 환절기, 화장품의 처음 사용, 기초화장품의 교체 시에 피부가 균형을 잃게 되어 많은 사람들이 복합성피부를 경험하게 된다.
② 음식물, 연령, 신경과민, 수면부족, 과로 등이 원인이 되기도 하며, 30대 중반이 넘으면 대부분의 사람들은 복합성피부로 되어가는 경향이 있다.

(3) 관리제품

① 클렌징

끈적임이 없는 오일프리 클렌징로션이나 클렌징워터 또는 클렌징티슈를 사용하며 유분이 적고 산뜻한 클렌징제품을 선택하여 이중세안을 한다. 정기적으로 스크럽이나 효소를 이용하여 딥클렌징을 해준다.

② 화장수

T존부위에는 모공수축, 진정, 소염작용을 하는 수렴화장수를 사용한다. U존에는 수분밸런스를 위해 유연화장수를 사용한다.

③ 보호용 화장품

수분이 함유된 에센스, 에몰리엔트 크림을 바른다.

④ 팩

피지분비를 조절, 모공수축, 진정작용이 있는 팩을 사용한다. 수분팩과 피부상태에 따라 유분기가 많이 없는 영양팩을 사용한다.

(4) 관리방법

① 세안 후 화장수로 충분히 수분을 공급해준다.

② 적당한 수분과 유분 공급을 위하여 피지분비가 많은 T존 부위에는 각질 제거기능이 강한 클레이팩을 하고 U존 부위는 수분팩이나 영양팩을 한다.

③ 스킨·로션·크림은 복합성 제품을 사용하며 번들거리는 부위에는 영양크림의 양을 조절하며 볼에는 보습력이 있는 영양크림으로 세심하게 발라준다.

④ 모공이 넓어지기 쉬운 T존 부위에 아스트린젠트를 솜에 묻혀서 얹어두면 소염효과도 있고 모공의 확장도 막을 수 있다.

⑤ 거뭇거뭇하게 코 피지가 많이 끼게 되므로 일주일에 한번 정도는 코팩을 해주면서 피부의 청결을 유지하는 것이 중요하다.

5) 민감성피부(sensitive skin)

유·수분이 부족하고, 피부를 보호하고 있는 각질층이 얇아 약산성 보호막인 하이드로리피드막(hydrolipid mantle)의 보호기능이 떨어진 피부이다. 각질 탈락 주기가 정상피부에 비해 빨라 각질층이 얇고 수분의 양이 부족하여 건조한 경우가 많다.

(1) 특징

① 피부조직이 얇고 모공이 거의 보이지 않으며, 외부 자극에 쉽게 거칠어진다.

② 피부 저항력이 약해 붉고 예민하며 홍반, 수포, 붉은 염증성 현상, 알레르기 등의 반응이 나타나기 쉽다.

③ 외부자극에 상당히 민감하며 실핏줄이 보이고 잘 붉어지며 잔주름이 생기기 쉬우므로 화장품 선택에 주의해야 한다.

(2) 원인

① 선천적으로 피부가 약해 어떤 물질에 대해 빠른 반응이 있거나, 심리적으로 예민한 사람, 정신적 스트레스, 수면부족, 알콜이나 흡연이 피부를 예민하게 하기도 한다.
② 과도한 필링이나 잘못된 피부관리로 민감한 피부가 될 수 있다.
③ 내장기관의 이상, 호르몬이나 자율신경의 변화에 의해 병중(病中), 병후(病後), 생리 전 후, 환절기에 일시적으로 민감성 피부가 되는 경우도 있다.

(3) 관리제품

① 클렌징

끈적임이 없는 오일프리 클렌징로 선택하는 것이 좋다.

(4) 관리방법

① 자극을 주는 기기나 매뉴얼테크닉을 선택하여 관리하고 면역력을 강화시키는 가벼운 림프 매뉴얼테크닉 등도 효과적이다.
② 미지근한 물로 세안하고 뜨거운 환경의 노출을 피한다.
③ 심리적으로도 예민한 경우가 많으므로 세심히 신경을 쓰고, 릴랙싱 관리를 병행하면 효과적이다.
④ 고농축·고영양의 제품보다는 부드러운 타입의 기본 라인을 사용하는 것이 효과적이며 보습효과가 높은 제품을 사용은 필수이지만 지나친 유분 공급은 피부에 자극을 주므로 피한다.
⑤ 자극적 음식과 냉방·난방·사우나·스팀타월 등과 같은 강한 변화와 환경의 변화를 피하고 과일이나 채소·물을 많이 섭취한다.

6) 모세혈관 확장피부(couperose skin)

모세혈관이 늘어났다가 줄어드는 과정에서 원상태로 돌아가지 못하고 늘어져있는 상태이다. 확장된 혈관으로 혈액이 많이 몰리게 되면 세포의 성장이 빨라져 각질 탈락 주기가 빨라지게 되어 각질층이 얇아지고 피부에 문제가 발생하게 된다. 증상에 따라 초기증상은 모세혈관 확장증(telangiectasis), 2단계는 모세혈관 피부(couperose), 3단계는 주사(rosacea)로 구분된다.

(1) 특징

① 피부결은 얇고 아주 섬세한 편이며 피부두께가 얇고 모공이 거의 보이지 않으나 부분적으로 모공이 큰 경우도 있다.
② 탄력성과 긴장감이 저하되고, 양볼이나 코 주위에 실핏줄이 보인다.
③ 외부의 온도에 민감하여 더울 때는 잘 붉어지고, 피부에 열감이 올랐다 내렸다를 반복하며 겨울철에는 울혈현상이 나타나기도 한다.

(2) 원인

① 선천적으로 모세혈관이 약한 사람에게 나타나고 후천적으로는 심한 기후나 온도변화에 민감한 사람 또는 호르몬, 맵거나 자극적인 음식, 커피, 알코올, 담배를 애용하는 사람에게 나타난다.
② 지성피부나 여드름이 있는 사람의 피지제거를 위해 피부에 물리적인 자극을 주거나, 강한 매뉴얼테크닉과 필링을 할 경우에도 나타날 수 있다.
③ 긴장과 스트레스가 많은 사람, 갑상선이나 성호르몬 장애가 있는 사람, 생식기에 이상이 있는 사람, 갱년기 또는 위장·장 등의 내장기관에 이상이 있는 사람에게 나타날 수 있다.

(3) 관리방법

① 비타민C·P 등의 혈관 강화에 효과가 있는 식품을 섭취하여 혈관을 튼튼히 해야 한다.
② 보습과 진정 혈관 강화를 목적으로 관리하고, 면역 강화에 효과가 있는 림프 매뉴얼테크닉이 효과적이다.
③ 기초화장품은 저자극성 제품을 선택하고, 자외선 차단제를 꼭 사용하여, 메이크업 화장품으로 피부를 2차적으로 보호한다.

④ 알코올, 카페인이 함유된 커피, 콜라, 뜨거운 음식이나 카레, 고추처럼 자극성 있는 음식은 혈관 확장에 영향을 미치므로 피한다.
⑤ 미지근한 물에 세안하고 마지막에는 찬물로 헹구어 준다.
⑥ 잦은 사우나, 강한 매뉴얼테크닉 등의 물리적 자극을 가하지 않고 긴장과 스트레스를 피하여 긍정적 사고를 한다.

7) 여드름피부(acne skin)

여드름피부는 지성피부에서 파생된 피부유형으로 피지선의 염증성 질환이라 정의할 수 있으며, 주로 사춘기 이후 젊은층에 많이 나타난다. 여드름의 크기와 증상에 따라 면포(comedone), 농포(pustule), 구진, 결절(nodule), 낭종(cyst) 등으로 구분한다. 염증이 심하면 반흔이 남을 수 있다. 대부분 얼굴에 많이 생기며, 등이나 가슴, 어깨에도 나타난다.

(1) 특징

① 피부결은 대체로 거칠고, 염증과 흉터로 인하여 울퉁불퉁한 편이다.
② 피지분비가 많고 피부가 지저분한 편이며, 표피상태가 건조하여 각질이 일어나는 부위도 있고 여드름으로 인한 자국과 흉터가 많다.

(2) 원인

① 피지선의 기능 이상

대부분 여드름의 원인은 피지의 과다분비에서 발생된다. 피지선에 이상이 생겨 과다분비 되어진 피지들이 모공을 막아서 염증을 일으킨다.

② 호르몬의 영향

여드름은 남성 호르몬인 안드로겐과 여성 호르몬인 프로게스테론의 영향을 받는다.

③ 여드름 균(propionibactrium ; P Acne)의 모낭 침입

피지의 분비가 많아지면 피지는 밖으로 배출되지 못하고 모공에 남아 모공을 막게 된다.

④ **잘못된 화장품 선택**

유분이 많은 기초 화장품을 사용하면 화장품의 유분이 피지와 마찬가지로 모공을 막아 여드름의 원인이 된다. 그러므로 여드름 예방을 위해서 오일프리(oil-free)제품을 사용하는 것이 좋다.

⑤ **유전**

피부는 약 70~80%가 부모로부터 유전되며, 여드름도 부모에게서 최고 25배의 이환율이 있다.

⑥ **변비**

장 속에 변이 오래 머물면 노폐물에서 발생되는 독소가 혈액 속으로 다시 녹아들어가 간의 기능이 약화되어 여드름이 생긴다. 변비를 극복하기 위해서 물을 많이 마시고 섬유질이 풍부한 음식을 충분히 섭취한다.

⑦ **스트레스**

스트레스는 남성 호르몬의 생성을 가속화하고 이 호르몬이 다시 피지의 생성을 과다하게 하므로 여드름은 스트레스와 밀접한 관계가 있다.

⑧ **기타**

피부 pH의 알칼리화, 피부질환치료제나 연고 등의 장기사용, 기후, 잘못된 식습관 등에 의해서도 여드름이 악화되거나 발생할 수 있다.

8) 아토피피부(atopic skin)

정확한 원인은 아직 밝혀지지 않았으며 피부가 건조해지고 가려움증이 동반되며 계절적으로 겨울에 발생 빈도가 높다. 유전적인 원인이 높으며 천식 알레르기 비염과 동반되어 나타나고 어린아이에게서 흔히 발생된다.

(1) 특징

① 항상 트러블이 있는 상태는 아니며 작은 자극에도 민감한 반응을 보인다.

② 홍반과 함께 가려움을 느끼고 발열, 비염, 천식, 건선, 수포, 진물이 나타나며 피부건조증과 가려움이 주된 증상이다.
③ 원인과 증상이 불분명하고, 알레르기피부 중에서도 아주 까다로우며 그 양상도 복잡하고 다양한 형태를 띤다.

(2) 원인

① 환경적인 영향으로는 집먼지, 진드기, 동물의 털이나 분비물, 꽃가루, 곰팡이, 지나친 목욕, 과도한 비누사용, 각종 화학섬유, 우유나 계란 등의 음식물을 들 수 있으며 최근에는 염소성분이나 유전자 변형식품 등 전반적인 일상생활 자체가 아토피의 원인으로 나타날 수 있다.
② 아토피는 유전적인 영향을 많이 받으며 정신적 스트레스로 인한 호르몬의 자극 등이 원인으로 알려져 있다.

(3) 관리방법

① 예방과 치료차원이 아닌 재발방지차원의 관리가 이루어지도록 관리한다.
② 건조하지 않도록 전신에 보습제를 꾸준히 사용하도록 하되, 유분이 많지 않은 것을 사용한다.
③ 고농축 영양제품들은 오히려 피부에 트러블을 발생시킬 수 있음으로, 부드러운 제품을 사용하도록 한다.
④ 최소한의 자극을 원칙으로 하며, 기기를 이용한 관리는 하지 않도록 한다.
⑤ 과도한 세정은 피부에 무리를 주기 때문에 목욕 시 때를 밀지 않도록 한다.
⑥ 심한 경우에는 의사의 진단을 받고, 지나친 연고제의 사용은 연고 중독으로 이어질 수 있으므로 주의하고 치료보다는 예방이 우선이다.

9) 노화피부(ageing skin)

노화는 연령증가에 따라 생리기능이 저하되고 누구에게나 진행되는 현상이다. 따라서 노화를 지연시키는 것이 피부관리의 궁극적 목표라고 할 수 있다. 대부분 30대 이후에는 표정에 따른 주름살이나 탄력 저하가 나타나며, 40대에는 피부 두께와 색의 변화가 오게 된다. 노화의 초기 증상은 거의 피부 건성화에서 시작된다고 볼 수 있으며 다양한 원인으로 20대 초반에도 노화가 일어나기도 한다.

(1) 특징

① 피부의 수분과 유분의 부족으로 피부조직의 탄력성이 저하되어 있고 윤기가 전혀 없으며, 얼굴전체에 잔주름과 굵은 주름이 분포한다.

② 피부표면이 건조하고 까칠해 보이며, 과색소침착이나 저색소침착이 나타나기도 한다.

(2) 원인

① 내적인 원인

신진대사와 피부기능이 둔화되어 피부에 주름이 생기고 건성화 된다. 호르몬의 이상에 의해 피지선과 한선의 기능도 떨어진다.

② 외적인 원인

태양광선 및 유해한 환경에 의해 노화가 발생한다. 흡연, 스트레스, 음주, 식습관 등에 의해 노화가 빨라질 수 있다.

(3) 관리방법

① 노화의 원인에는 여러 가지가 있으므로 조기노화를 막고 노화의 지연을 목적으로 관리한다.

② 규칙적으로 보습·영양·재생관리를 하도록 하며, 콜라겐·천연보습인자·항노화비타민 등의 고농축 영양관리를 한다.

③ 피부관리 뿐만 아니라 운동을 통한 혈액순환을 촉진시켜 젊음을 유지할 수 있도록 하며 긍정적인 사고와 스트레스, 심리 불안을 해소하도록 한다.

정상피부 – 관리계획표

<table>
<tr><th colspan="3">관리계획 차트 (Care Plan Chart)</th></tr>
<tr><td>비번호</td><td>형별</td><td>시험일자 20　　.　　.　　.(　　부)</td></tr>
<tr><td rowspan="2">관리목적
및
기대효과</td><td colspan="2">관리목적 : 꾸준한 관리를 통해 현재의 이상적인 피지 분비와 촉촉한 보습상태가 꾸준히 지속될 수 있도록 도와준다.</td></tr>
<tr><td colspan="2">기대효과 : 환경 변화에 따라 변화되기 쉬운 피부상태를 건강하게 유지시켜준다.</td></tr>
<tr><td>클렌징</td><td colspan="2">☐ 오일　☐ 크림　☑ 밀크/로션　☐ 젤</td></tr>
<tr><td>딥클렌징</td><td colspan="2">☐ 고마쥐(gommage)　☑ 효소(enzyme)　☐ AHA　☐ 스크럽</td></tr>
<tr><td>매뉴얼테크닉 제품타입</td><td colspan="2">☐ 오일　☑ 크림</td></tr>
<tr><td>손을 이용한 관리형태</td><td colspan="2">☑ 일반　☐ 림프</td></tr>
<tr><td rowspan="3">팩</td><td colspan="2">T존 : ☐ 건성타입 팩 ☑ 정상타입 팩　☐ 지성타입 팩</td></tr>
<tr><td colspan="2">U존 : ☐ 건성타입 팩 ☑ 정상타입 팩　☐ 지성타입 팩</td></tr>
<tr><td colspan="2">목부위 : ☐ 건성타입 팩 ☑ 정상타입 팩　☐ 지성타입 팩</td></tr>
<tr><td>마스크</td><td colspan="2">☐ 석고마스크　☑ 고무모델링 마스크</td></tr>
<tr><td rowspan="2">고객 관리
계획</td><td colspan="2">1주 : 클렌징 + 딥클렌징(효소) + 보습앰플 관리(히아루론산, 비타민A, E) + 매뉴얼테크닉 + 보습팩(모이스춰라이징마스크) + 영양크림(콜라겐)</td></tr>
<tr><td colspan="2">2주 : 클렌징 + 딥클렌징(고마쥐) + 매뉴얼테크닉 + 보습팩(석고마스크) + 영양크림(콜라겐)</td></tr>
<tr><td rowspan="2">자가관리
조언
(홈케어)</td><td colspan="2">제품을 사용한 관리 :
오전 : 미온수 세안 + 유연화장수 + 보습데이크림 + 자외선 차단제
저녁 : 이중세안(저녁 : 클렌징 로션 + 폼클렌징) + 유연화장수 + 고영양세럼 + 수분 영양크림</td></tr>
<tr><td colspan="2">기타 : 규칙적인 생활과 수분섭취(하루 8잔 이상), 비타민, 단백질 섭취권장</td></tr>
</table>

건성피부 – 관리계획표

<table>
<tr><th colspan="3">관리계획 차트 (Care Plan Chart)</th></tr>
<tr><td>비번호</td><td>형별</td><td>시험일자 20 . . .(부)</td></tr>
<tr><td rowspan="2">관리목적
및
기대효과</td><td colspan="2">관리목적 : 매뉴얼테크닉을 이용해 혈액순환 촉진과 내분비선 기능을 활성화시켜 피부의 면역력을 증가시키고, 피부 처짐을 예방하여 탄력을 부여시켜 주며 제품을 통한 유·수분 공급으로 건조함과 조기노화를 예방한다.</td></tr>
<tr><td colspan="2">기대효과 : 건조함을 해결해줌으로서 주름 발생을 예방하고 피부에 건강을 부여 해준다</td></tr>
<tr><td>클렌징</td><td colspan="2">☐ 오일 ☐ 크림 ☑ 밀크/로션 ☐ 젤</td></tr>
<tr><td>딥클렌징</td><td colspan="2">☐ 고마쥐(gommage) ☑ 효소(enzyme) ☐ AHA ☐ 스크럽</td></tr>
<tr><td>매뉴얼테크닉 제품타입</td><td colspan="2">☐ 오일 ☑ 크림</td></tr>
<tr><td>손을 이용한 관리형태</td><td colspan="2">☑ 일반 ☐ 림프</td></tr>
<tr><td rowspan="3">팩</td><td colspan="2">T존 : ☑ 건성타입 팩 ☐ 정상타입 팩 ☐ 지성타입 팩</td></tr>
<tr><td colspan="2">U존 : ☑ 건성타입 팩 ☐ 정상타입 팩 ☐ 지성타입 팩</td></tr>
<tr><td colspan="2">목부위 : ☑ 건성타입 팩 ☐ 정상타입 팩 ☐ 지성타입 팩</td></tr>
<tr><td>마스크</td><td colspan="2">☑ 석고마스크 ☐ 고무모델링 마스크</td></tr>
<tr><td rowspan="2">고객 관리
계획</td><td colspan="2">1주 : 클렌징 + 딥클렌징(효소) + 고보습 앰플관리(콜라겐, 히아루론산) + 매뉴얼테크닉 + 보습팩(콜라겐마스크) + 영양크림(콜라겐)</td></tr>
<tr><td colspan="2">2주 : 클렌징 + 매뉴얼테크닉 + 보습팩(고무마스크) + 영양크림(콜라겐)</td></tr>
<tr><td rowspan="2">자가관리
조언
(홈케어)</td><td colspan="2">제품을 사용한 관리 :
오전 : 미온수 세안 + 유연화장수 + 보습데이크림 + 자외선 차단제
저녁 : 이중세안(저녁 : 클렌징로션 + 폼클렌징) + 유연화장수 + 재생, 미백용 세럼 + 유·수분 영양크림</td></tr>
<tr><td colspan="2">기타 : 충분한 수면과 수분섭취(하루 8잔 이상), 미온수 세안, 자극요인이 되는 냉난방과 사우나 제한</td></tr>
</table>

지성피부 – 관리계획표

<table>
<tr><th colspan="3">관리계획 차트 (Care Plan Chart)</th></tr>
<tr><td>비번호</td><td>형별</td><td>시험일자 20 . . .(부)</td></tr>
<tr><td rowspan="2">관리목적
및
기대효과</td><td colspan="2">관리목적 : 과도한 피지 분비에 의한 모공 막힘, 불순물 정체, 각질층을 관리해 줌으로서 트러블을 감소하고 피부호흡 개선, 피부색을 맑게 해준다.</td></tr>
<tr><td colspan="2">기대효과 : 피지 분비 조절로 피부의 항염, 진정, 청정 효과를 부여한다.</td></tr>
<tr><td>클렌징</td><td colspan="2">☐ 오일 ☐ 크림 ☑ 밀크/로션 ☐ 젤</td></tr>
<tr><td>딥클렌징</td><td colspan="2">☐ 고마쥐(gommage) ☐ 효소(enzyme) ☑ AHA ☐ 스크럽</td></tr>
<tr><td>매뉴얼테크닉 제품타입</td><td colspan="2">☐ 오일 ☑ 크림</td></tr>
<tr><td>손을 이용한 관리형태</td><td colspan="2">☑ 일반 ☐ 림프</td></tr>
<tr><td rowspan="3">팩</td><td colspan="2">T존 : ☐ 건성타입 팩 ☐ 정상타입 팩 ☑ 지성타입 팩</td></tr>
<tr><td colspan="2">U존 : ☐ 건성타입 팩 ☐ 정상타입 팩 ☑ 지성타입 팩</td></tr>
<tr><td colspan="2">목부위 : ☐ 건성타입 팩 ☐ 정상타입 팩 ☑ 지성타입 팩</td></tr>
<tr><td>마스크</td><td colspan="2">☐ 석고마스크 ☑ 고무모델링 마스크</td></tr>
<tr><td rowspan="2">고객 관리
계획</td><td colspan="2">1주 : 클렌징 + 딥클렌징(스크럽) + 항염, 진정 앰플관리(아쥴렌) + 매뉴얼테크닉 (림프드레나쥐) + 보습팩(클레이마스크) + 수분크림(알로에베라)</td></tr>
<tr><td colspan="2">2주 : 클렌징 + 딥클렌징(AHA) + 매뉴얼테크닉(림프드레나쥐) + 보습팩 (퓨리화잉마스크) + 수분크림(알로에베라)</td></tr>
<tr><td rowspan="2">자가관리
조언
(홈케어)</td><td colspan="2">제품을 사용한 관리 :
오전 : 미온수 세안 + 수렴화장수 + 보습데이크림 + 자외선 차단제
저녁 : 이중세안(저녁 : 클렌징로션 + 폼클렌징) + 수렴화장수 + 재생, 미백용 세럼 + 수분 영양크림</td></tr>
<tr><td colspan="2">기타 : 잦은 세안 및 당분 섭취 제한, 비타민 B_2 , B_6, C섭취 권장</td></tr>
</table>

복합성피부 – 관리계획표

<table>
<tr><th colspan="3">관리계획 차트 (Care Plan Chart)</th></tr>
<tr><td>비번호</td><td>형별</td><td>시험일자 20 . . . (부)</td></tr>
<tr><td rowspan="2">관리목적
및
기대효과</td><td colspan="2">관리목적 : 두 가지 이상의 피부유형(T존 : 지성, U존 : 건성, 목부위 : 지성)이 복합되어 있는 상태이므로 부위별로 차별화된 피부관리법을 적용시켜 문제점을 개선시키고 노화를 예방한다.</td></tr>
<tr><td colspan="2">기대효과 : 부위별 차별화된 관리를 통해 피부의 유·수분 균형과 균일한 피부색을 유지한다.</td></tr>
<tr><td colspan="2">클렌징</td><td>☐ 오일 ☐ 크림 ☑ 밀크/로션 ☐ 젤</td></tr>
<tr><td colspan="2">딥클렌징</td><td>☐ 고마쥐(gommage) ☑ 효소(enzyme) ☐ AHA ☐ 스크럽</td></tr>
<tr><td colspan="2">매뉴얼테크닉 제품타입</td><td>☐ 오일 ☑ 크림</td></tr>
<tr><td colspan="2">손을 이용한 관리형태</td><td>☑ 일반 ☐ 림프</td></tr>
<tr><td colspan="2" rowspan="3">팩</td><td>T존 : ☐ 건성타입 팩 ☐ 정상타입 팩 ☑ 지성타입 팩</td></tr>
<tr><td>U존 : ☑ 건성타입 팩 ☐ 정상타입 팩 ☐ 지성타입 팩</td></tr>
<tr><td>목부위 : ☐ 건성타입 팩 ☐ 정상타입 팩 ☑ 지성타입 팩</td></tr>
<tr><td colspan="2">마스크</td><td>☐ 석고마스크 ☑ 고무모델링 마스크</td></tr>
<tr><td rowspan="2">고객 관리
계획</td><td colspan="2">1주 : 클렌징 + 딥클렌징(T존 : 스크럽, U존 : 효소) + 매뉴얼테크닉 + 보습팩(T존 : 클레이마스크, U존 : 아줄렌마스크) + 수분크림(알로에베라)</td></tr>
<tr><td colspan="2">2주 : 클렌징 + 딥클렌징(T존 : 스크럽, U존 : 효소) + 매뉴얼테크닉 + 보습팩(T존 : 엘리먼트마스크, U존 : 콜라겐마스크) + 수분크림(알로에베라)</td></tr>
<tr><td rowspan="2">자가관리
조언
(홈케어)</td><td colspan="2">제품을 사용한 관리 :
오전 : 미온수 세안 + (T존 : 수렴화장수, U존 : 유연화장수) + 보습데이크림 +자외선 차단제
저녁 : 이중세안(저녁 : 클렌징로션 + 폼클렌징-T존부위 집중관리) + (T존 : 수렴화장수, U존 : 유연화장수) + 재생, 미백용 세럼 + 수분영양크림</td></tr>
<tr><td colspan="2">기타 : T존부위와 U존부위 차별적인 관리와 유·수분 밸런스 유지를 위한 음식 조절, 규칙적인 운동, 생활습관</td></tr>
</table>

Chapter 7
눈썹정리

1. 눈썹정리

facetreatment

눈썹은 사람의 첫 인상을 좌우하는 중요한 역할을 하기 때문에 고객의 얼굴형에 맞게 수정하여 전체적인 밸런스를 맞춰준다.

1) 눈썹의 형태와 이미지

(1) 표준형 눈썹

기본적인 눈썹 모양으로 누구에게나 잘 어울린다.

(2) 직선형

젊고 활동적인 느낌을 주며 긴 얼굴이나 폭이 좁은 얼굴에 잘 어울린다.

(3) 각진형 눈썹

지적인 느낌을 주며 단정하고 세련되어 보인다. 둥근 얼굴에 잘 어울린다.

(4) 아치형 눈썹

매혹적이면서 우아하고 여성적인 느낌을 준다. 이마가 넓은 얼굴형에 어울린다.

(5) 상승형

동적이며 야성적인 느낌을 준다. 둥근 얼굴, 개성 없는 얼굴에 적합하다.

(6) 처진 눈썹

귀여운 느낌을 주지만 때로는 슬픈 인상을 주기도 한다.

2) 눈썹 정리 준비

눈썹빗, 눈썹 수정가위, 족집게, 눈썹칼, 솜, 알코올, 진정젤

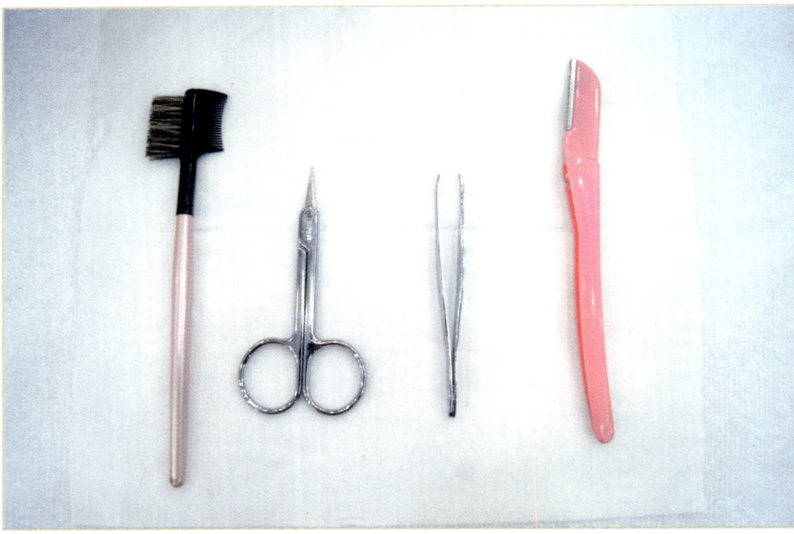

눈썹 정리 셋팅

3) 눈썹 정리 방법

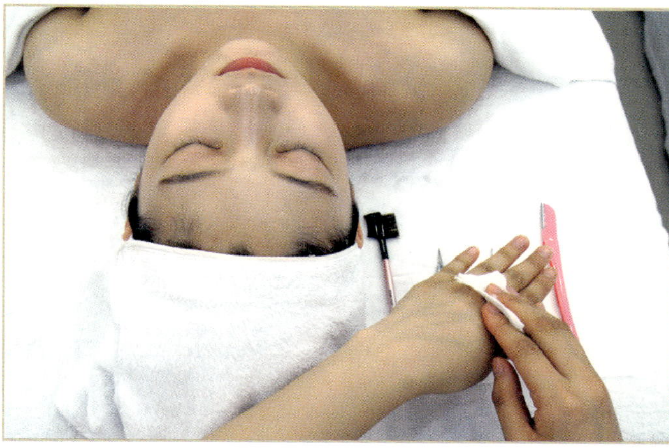

(1) 손소독을 한다.

(2) 가볍게 기구 소독을 한다.

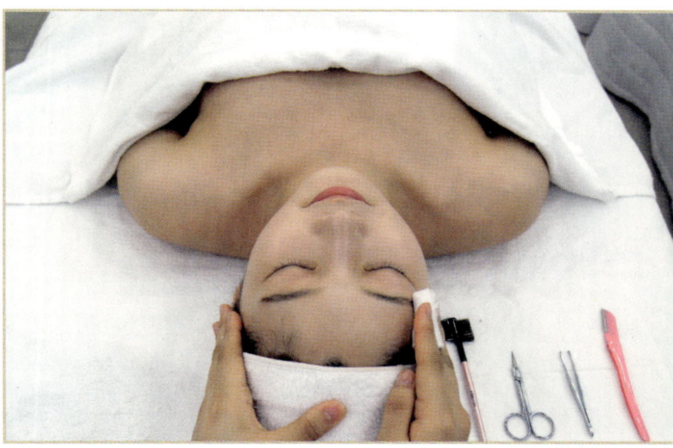

(3) 정리할 눈썹 부위를 닦아준다.

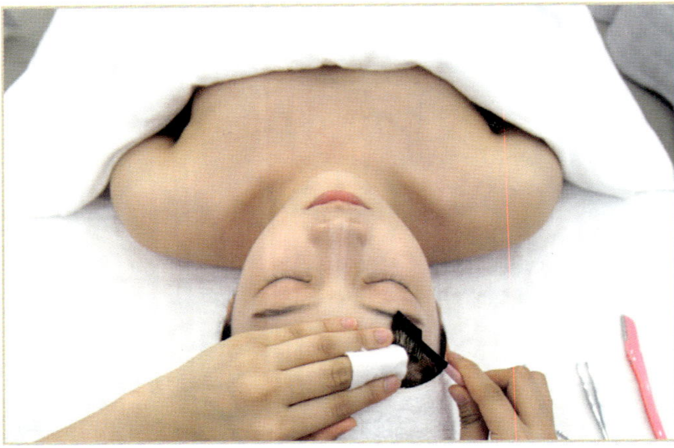

(4) 브러시로 눈썹 방향에 맞게 정리한다.

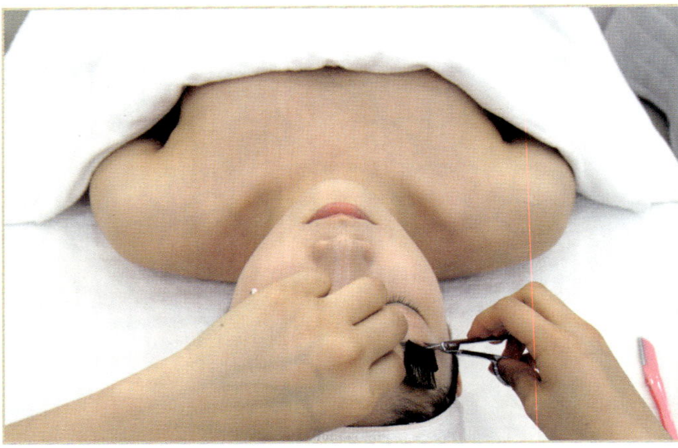

(5) 가위로 정리할 눈썹을 잘라낸다.

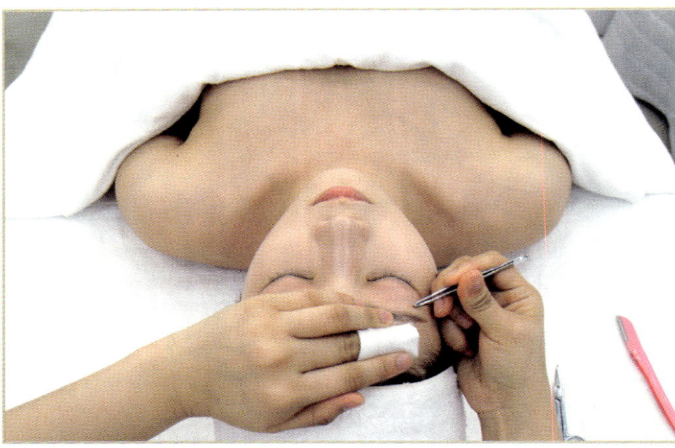

(6) 족집게를 이용하여 텐션을 주어 털난 방향으로 잔털을 정리한다.

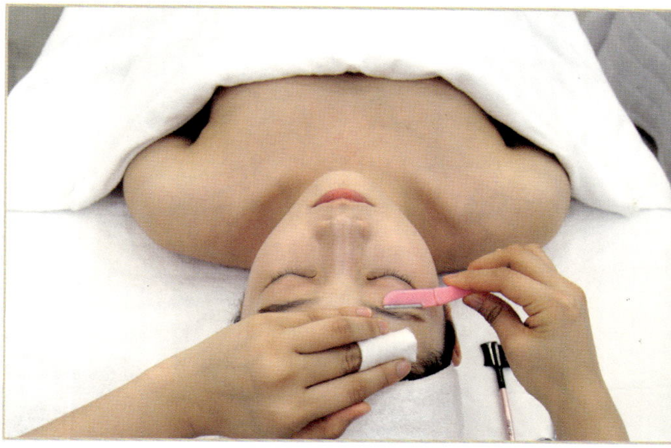

(7) 눈썹칼로 넓은 면의 잔털과 모양을 정리한다.

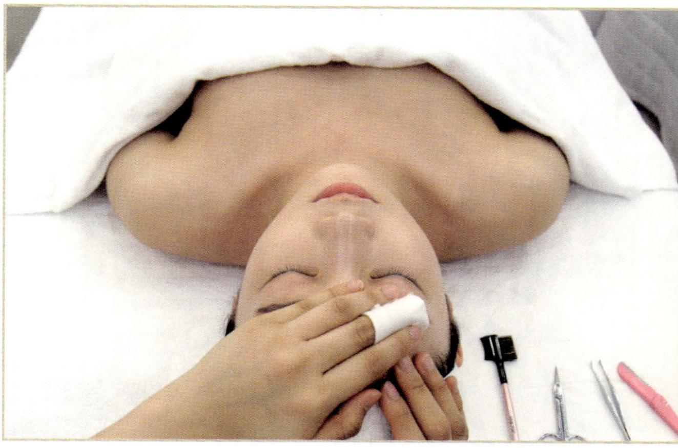

(8) 정리된 눈썹을 닦아준다.

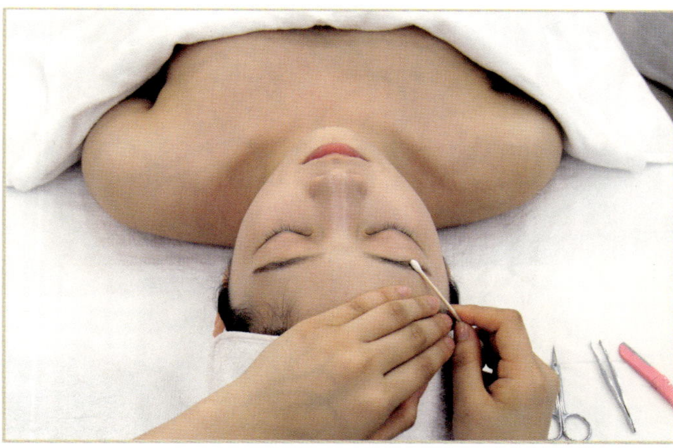

(9) 스파츌라에 진정젤을 덜어 면봉으로 가볍게 도포한다.

Chapter 8
딥 클렌징

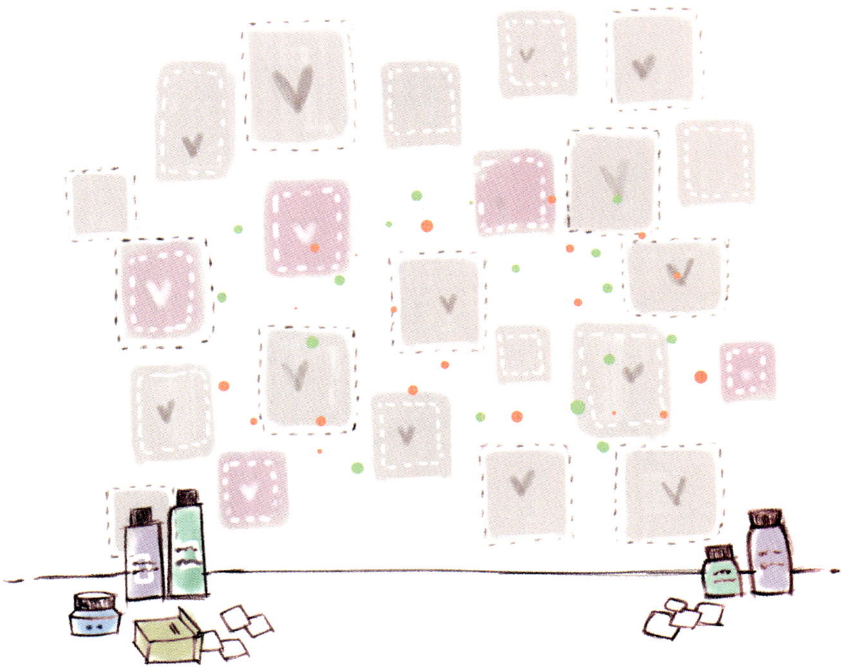

1. 딥 클렌징(deep cleansing)

facetreatment

일반적으로 행하는 클렌징 방법으로 완전히 제거하기 힘든 모공 내 이물질을 전문적인 딥 클렌징 제품 및 브러시 머신 등을 이용하여 모공 깊숙이 들어있는 불순물과 피부 표면의 각질 등을 제거하는 단계이다. 각질층에 쌓이는 죽은 세포를 정기적으로 제거하여 정상적인 각질층을 유지하게 해줌으로써 건강하고 매끈한 피부를 만들고 노화를 지연시키고 완벽한 세정효과와 화장품의 흡수 및 영양 침투를 높여준다.

2. 딥 클렌징의 종류

facetreatment

1) 물리적 딥 클렌징

손이나 기계 등을 이용하여 물리적 자극으로 노화된 각질을 제거해내는 방법이다. 문지르는 마찰 동작이 있어 예민한 피부, 염증성 피부, 모세혈관 피부는 절대 피한다. 과각화, 지성, 면포성 여드름, 여드름 상흔이 있는 피부, 모공이 큰 피부는 도움이 된다.

(1) 스크럽(scrub)

자연적 재료(곡류, 흑설탕, 고령토나 조개껍질 가루)의 미세한 알갱이가 있는 세안제로 얼굴에 도포한 후 부드럽게 문지르고 제거한다.

(2) 스크럽 시술방법

① 제품을 볼에 덜어 브러시를 이용하여 얼굴 전체에 펴 바른다.
② 스팀기를 이용하거나 손에 물을 묻혀 스크럽 제품이 마르지 않도록 한다.
③ 가볍게 스크럽 마사지를 해준 후 젖은 해면과 온습포를 사용하여 제거한다.

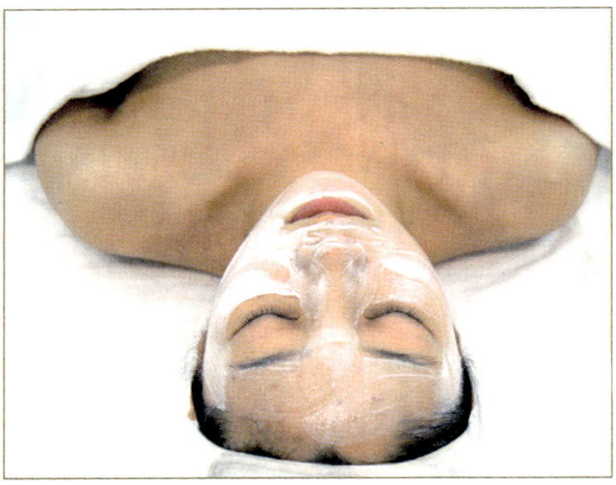

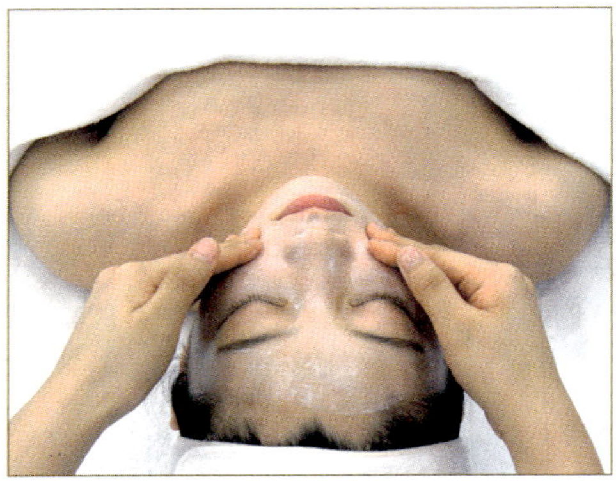

그림 8-1 스크럽

(3) 고마쥐(gommage)

동물성, 식물성 각질분해 효소를 함유한 제품이다. 도포 후 적당히 말랐을 때 근육의 결 방향으로 밀어서 죽은 세포를 제거한다.

(4) 고마쥐 시술방법

① 제품을 볼에 덜어 브러시를 이용하여 얼굴 전체 골고루 펴 바른다.
② 피부에 골고루 펴 바른 후 적당히 마른 상태에서 3~4분 정도 손가락으로 근육결 방향으로 밀어준다.
③ 손바닥에 물을 덜어 가볍게 문지른 뒤 젖은 해면과 온습포를 사용하여 제거한다.

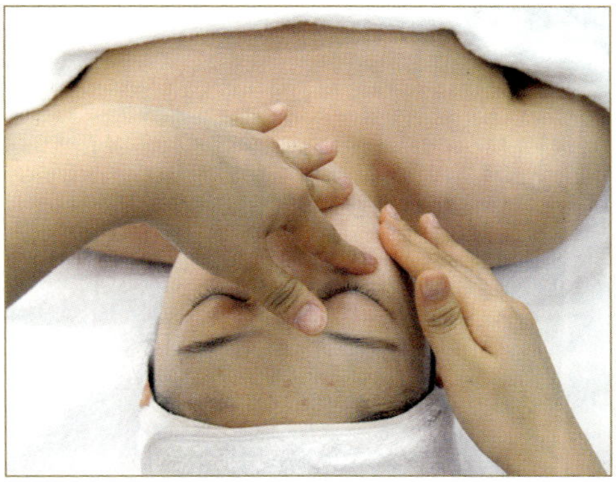

그림 8-2 고마쥐

2) 화학적 딥 클렌징

(1) 효소(enzyme)

단백질 분해 효소를 촉매제로 작용하여 죽은 각질을 분해한다. 예민, 모세혈관 확장, 염증성 피부 등 모든 피부에 특별한 자극 없이 노폐물과 각질을 제거한다.

(2) 효소 시술방법

① 분말타입의 효소를 볼에 덜어 적당 양의 물에 개어서 브러시를 이용하여 얼굴에 바른다.

② 효소 사용시 온습포나 스티머를 사용하면 더욱더 효과적이다.

③ 제품과 피부에 따라 5~10분 정도 발라두면 효소가 작용하여 효과가 나타난다.

④ 문지르는 동작 없이 젖은 해면과 온습포를 사용하여 닦아준다.

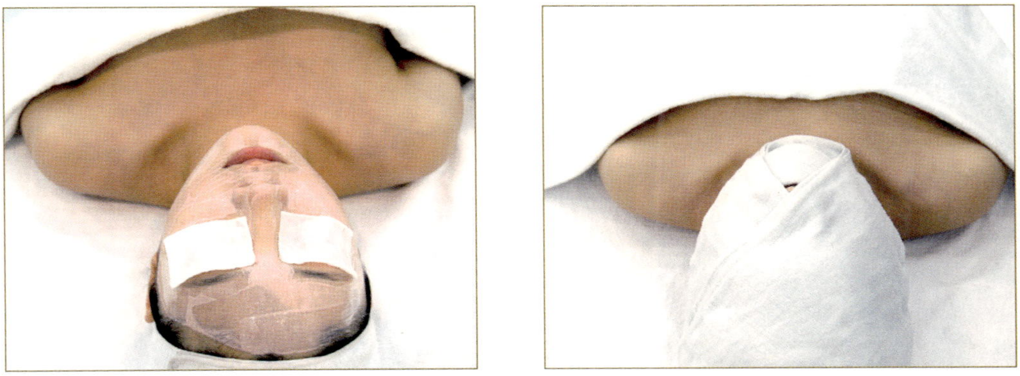

그림 8-3 효소

(3) AHA

Alpha Hydroxy Acid를 줄인 말로 여러 가지 과일 또는 채소에서 자연적으로 발생되는 산을 총칭하여 말한다. 각질을 연화시키는 과일산인 AHA 성분이 약하게 들어 있어 죽은 각질을 녹이는데 유용하고 박테리아 성장 억제효과가 뛰어나며 간접 재생효과가 있다. 지성피부, 여드름 피부 등에 효과적이다.

(4) AHA 시술방법

① 아이패드 적용 후 제품을 볼에 덜어 브러시를 이용하여 얼굴 전체 골고루 펴 바른다.
② 피부 타입에 따라 일정시간 경과 후 젖은 해면과 냉습포를 사용하여 닦아준다.

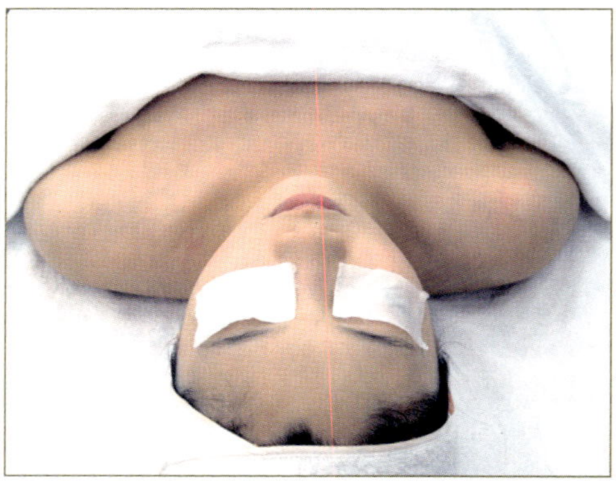

그림 8-4 AHA

Chapter 9
매뉴얼테크닉

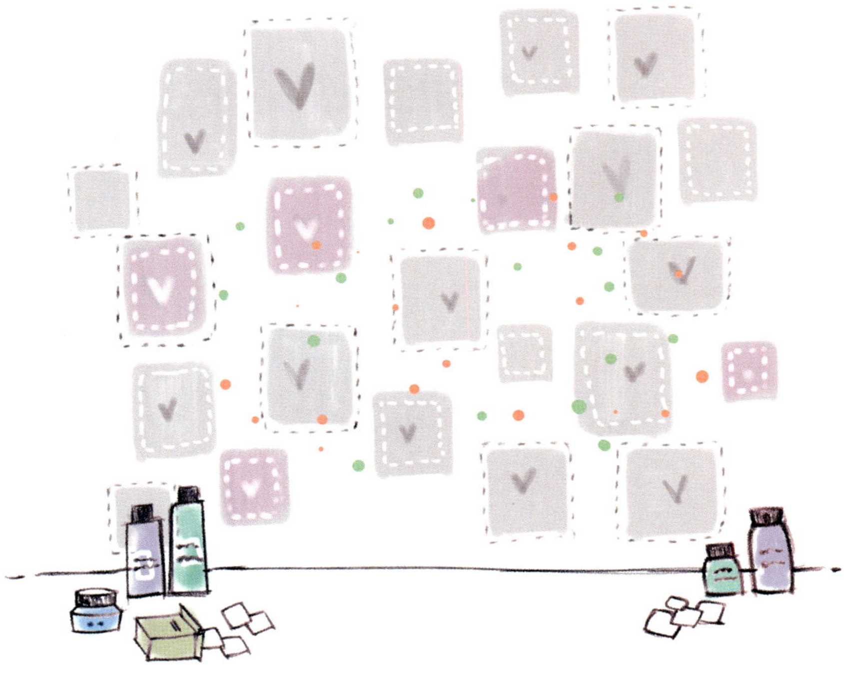

1. 매뉴얼테크닉(manual technic)의 정의

손을 이용하여 피부에 적당한 자극을 주면서 혈액순환과 신진대사를 활발히 하고, 피부의 기능을 증진시키는 것이다. 관리와 운동 수행력 향상을 목적으로 리듬감, 연결성을 갖으며 쓰다듬기, 문지르기, 반죽하기, 두드리기, 진동하기 등의 수기요법을 통칭한다.

마사지의 정의

마사지 어원은 '두드리다', '어루만지다'라는 뜻의 아랍어 'massa', '손'이라는 라틴어 'mamus', '주무르다' 라는 뜻의 그리스어 'masso' 등에서 유래하여 오늘날 'massage'라 명칭되었다.

초기문명시대 이래 수세기 동안 시행되어 왔으며 치료 효과로서의 마사지와 신체에 활력을 주며 통증을 완화시키고 아름답게 하는 기능을 하였다.

2. 매뉴얼테크닉의 효과

facetreatment

1) 피부의 혈액순환을 향상시켜 영양공급과 산소공급을 원활하게 해 준다.
2) 근육을 이완시켜 긴장 완화효과가 있다.
3) 림프순환을 촉진시켜 면역력을 증가 시킨다.
4) 신진대사를 왕성하게 하고 불필요한 노폐물을 제거한다.
5) 자율신경계에 영향을 미친다.
6) 심신의 안정과 스트레스를 해소시킨다.
7) 피부결을 향상시켜 화장품의 유효물질 흡수력을 높여준다.
8) 피하조직에 있어서 지방세포가 감소한다.

3. 매뉴얼테크닉 시 주의사항

facetreatment

1) 주변 환경 정리 정돈을 깨끗하게 하고 안락한 분위기를 조성한다.
2) 아로마를 이용할 경우 효능을 충분히 숙지한다.
3) 밀착감과 강약의 리듬을 주어 적당한 힘의 세기와 일정한 속도로 시행한다.
4) 동작의 연결이 부드럽고 자연스럽게 이루어져야 한다.
5) 동작의 반복 횟수를 피부 유형에 맞게 고려한다.

4. 매뉴얼테크닉 금기사항

facetreatment

1) 급성, 만성적 염증
2) 피부병이나 외상
3) 호르몬계(내분비계) 문제
4) 당뇨병, 간질, 전염병, 에이즈 등
5) 임신
6) 예민 피부

5. 마사지의 기본동작과 효과

facetreatment

1) 경찰법, 무찰법(effleurage, 쓰다듬기)

마사지의 시작이나 마무리할 때 자주 사용되는 기술로 손바닥을 편평하게 하고 손가락은 약간 구부려 근육이나 피부 표면을 쓰다듬고 어루만지는 방법이다. 마사지의 처음과 마무리 단계에 쓰이며 모세혈관의 확장과 함께 혈액순환 촉진, 림프의 순환을 촉진, 근육을 이완시키는 효과, 상쾌한 기분에 의한 심리적 안정 효과, 노화각질제거의 효과 등이 있다.

2) 강찰법, 마찰법(friction, 문지르기, 마찰하기)

손가락의 끝 부분을 이용하여 피부에 대고 원을 그리는 동작이다. 적용부위는 안면의 볼, 이마부위, 입가 눈가 등 주름이 생기기 쉬운 부위에 실시한다. 링잉(wringing, 짜듯이 비틀기), 롤링(rolling, 굴리기), 척킹(chucking, 가볍게 치듯이 문지르기), 라킹(raking, 긁기) 등이 있다. 모세혈관을 확장시켜 혈액순환을 촉진시키고 결체조직을 강화시켜 탄력성을 증가시킨다.

3) 유찰법, 유연법(petrissage, 반죽하기, 주무르기)

매뉴얼테크닉 중 가장 강한 동작으로 손가락과 손바닥 사이로 피부와 근육을 움켜 잡듯이 쥐었다가 풀며 반죽하듯이 주무르는 동작이다. 대체적으로 등, 어깨, 팔 등 신체 부위에 적용되며 니딩(kneading)과 풀링(pulling)이 있다. 경직된 근육을 이완시키며 근육에 탄력성을 증대 시킨다.

4) 고타법, 타진법, 경타법(tapotement, 두드리기)

손가락, 손의 측면, 손바닥, 주먹 등 손의 각 부위를 사용하여 마사지할 부위를 가볍고 리드미컬하게 두드리는 방법이다. 해킹(hacking), 컵핑(cupping), 비팅(beating) 등이 있다. 말초 신경 조직을 자극하고 과잉 지방 축적을 예방한다.

5) 진동법(vibration)

손 전체를 해당 부위에 밀착시켜 빠르고 고르게 떨어주는 동작이다. 피부에 고른 진동을 주어 섬세한 자극을 주는 동작 떨기의 세기에 따라 효과가 다르다. 신경을 자극하여 피로를 풀어주고 근육통을 덜어준다.

6. 안면 매뉴얼테크닉

facetreatment

1) 크림 도포 하기

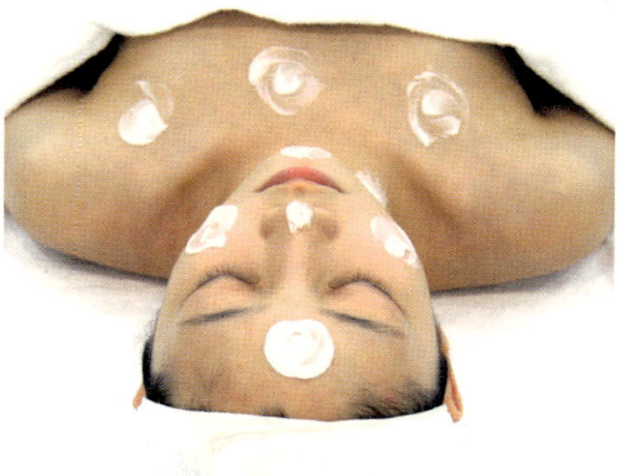

2) 가슴 전체 쓸어주기

3) 가슴 전체 원그리며 쓸어주기

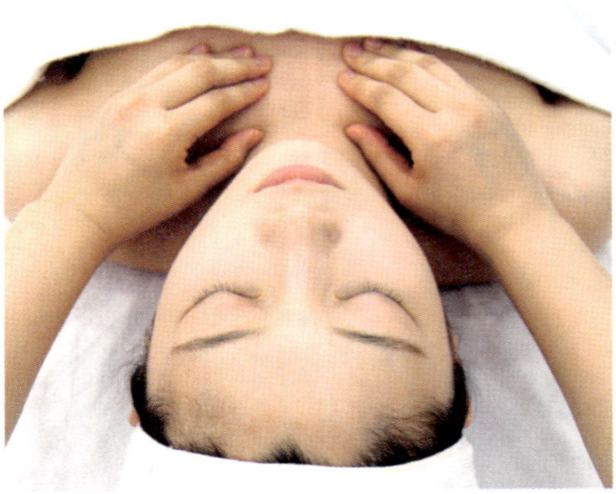

4) 가슴 수영방향으로 쓸어주기

5) 목 쓸어주기

6) 턱 쓸어주고 볼 원그리며 코에서 눈썹으로 올라와 이마 쓸어주기

7) 이마 중지, 약지로 쓸어주기(2회)

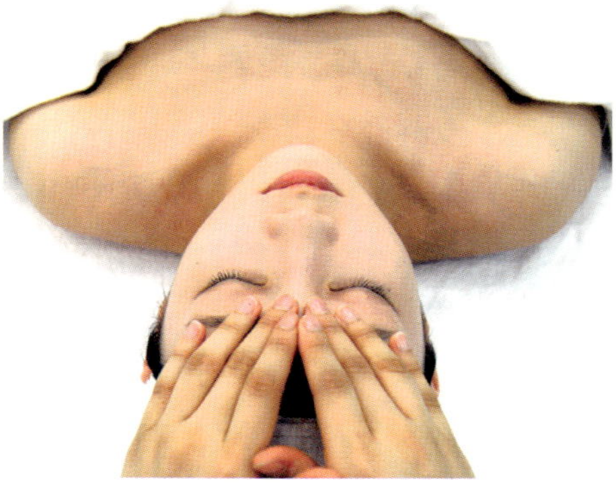

8) 이마 중지, 약지로 지그재그(2회)

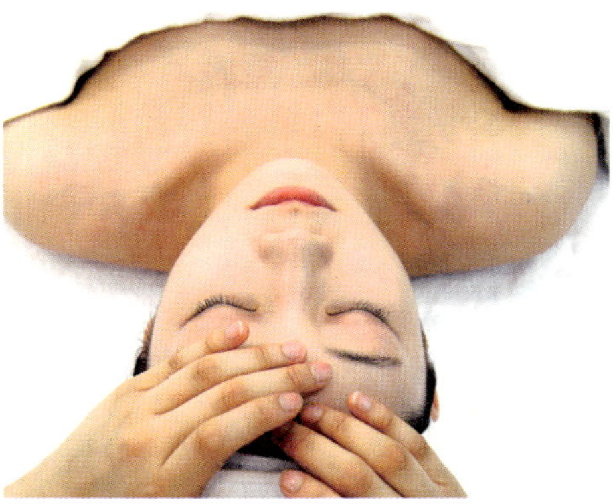

9) 이마 왼손바닥 횡으로 쓸어주고 오른손 중지, 약지로 원그리기(3회)

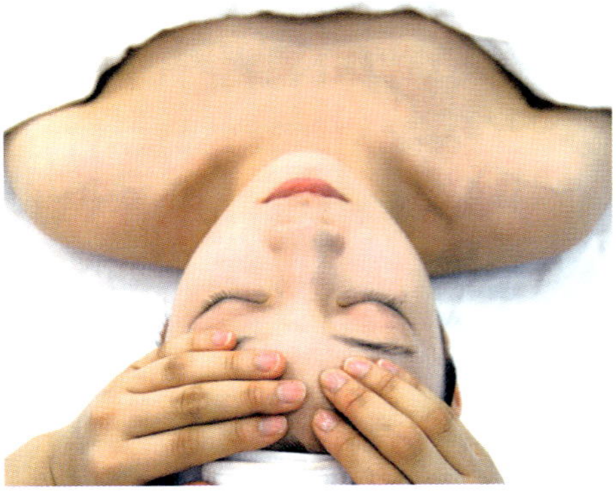

10) 이마 횡으로 펴주기(4회)

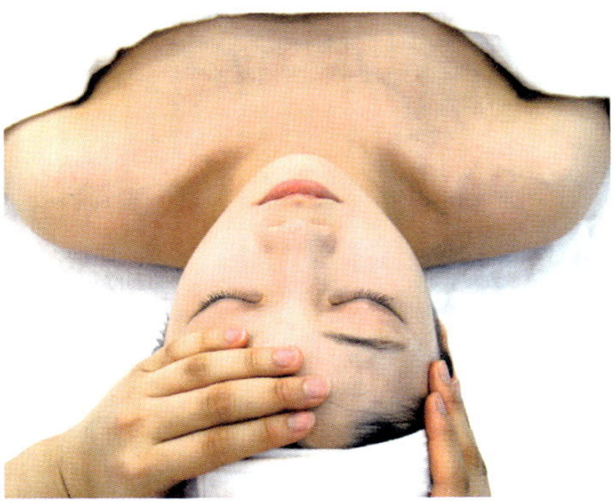

11) 이마 손바닥으로 쓸어올리기(4회)

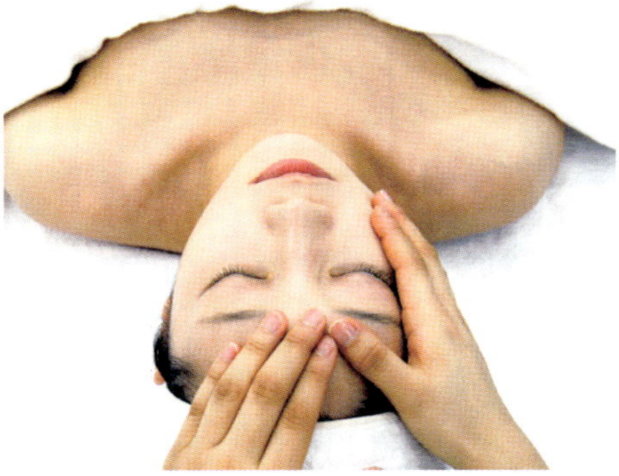

12) 눈 주변 원그리기(5회)

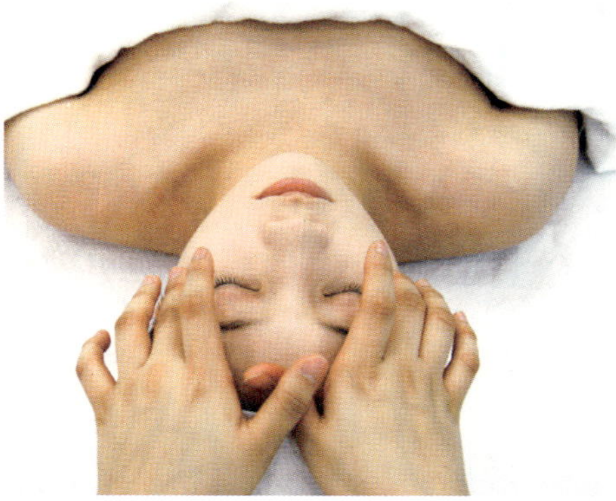

13) 눈썹 쓸기

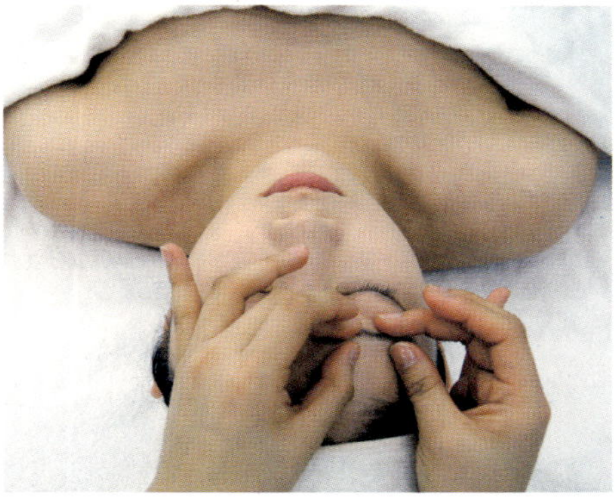

14) 눈 아래 엄지로 밖에서 안으로 문지르며 올라와 눈썹 집어주기(3회)

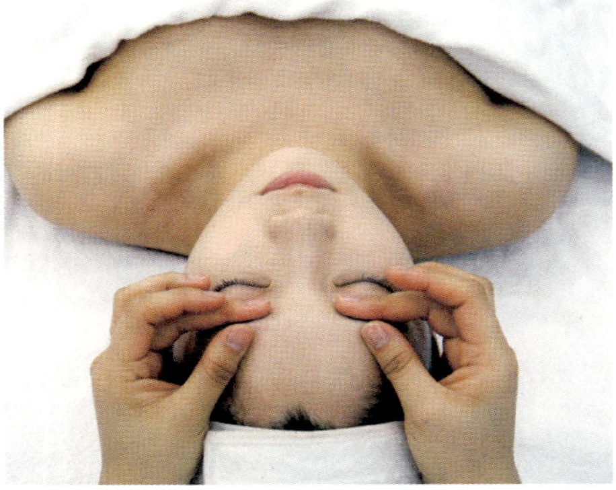

15) 눈 주변 8자로 굴려주기(2회)

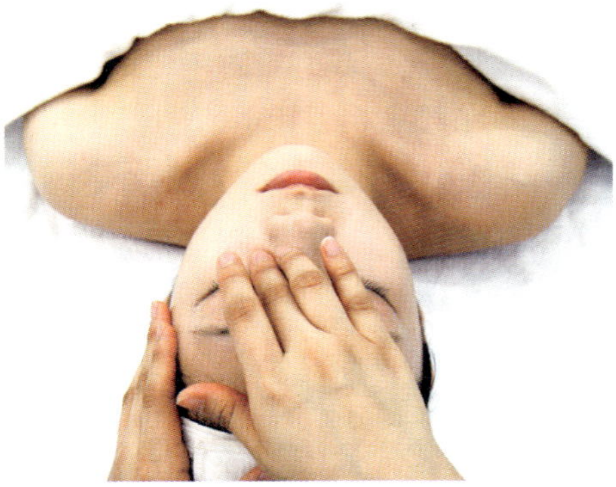

16) 눈 주변 3번 원그리고 눈썹 머리에서 검지, 중지 번갈아가며 쓸어올리기 (6회)

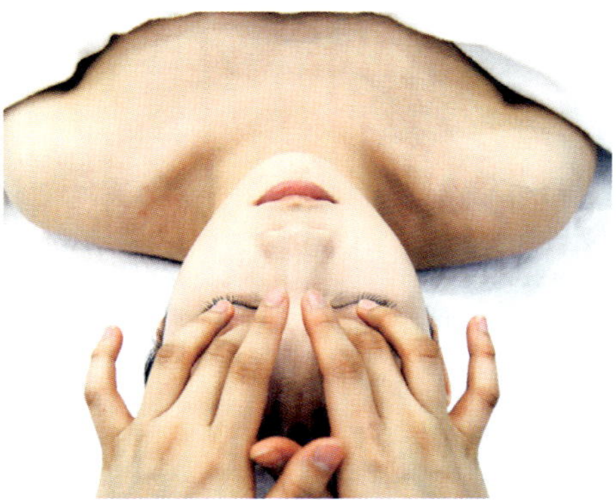

17) 눈 지그시 덮기

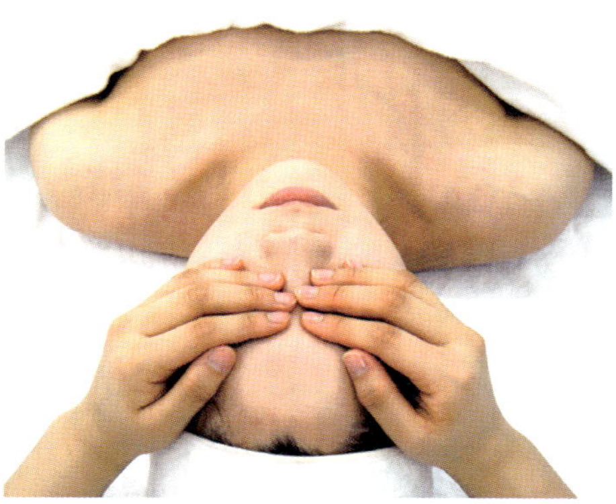

18) 검지 중지로 눈가 잡고 눈 밑 원그리기(3회)

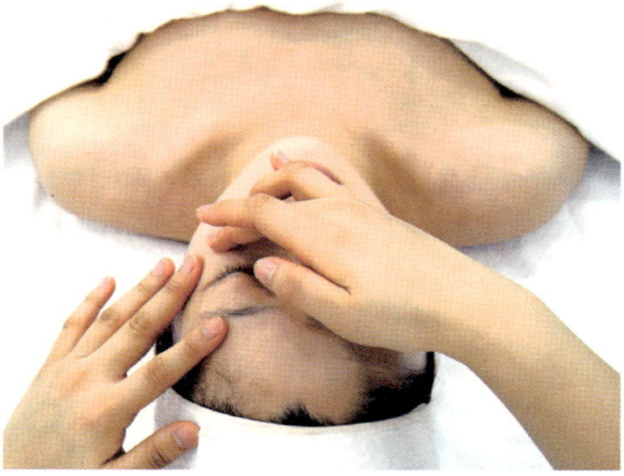

19) 양손 중지로 눈 아래 원그리고 눈꼬리 중지로 올려주기

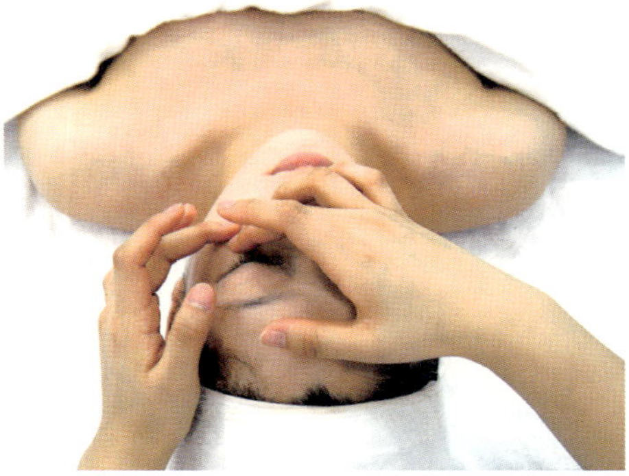

20) 손바닥으로 이마 쓸어주기(4회)

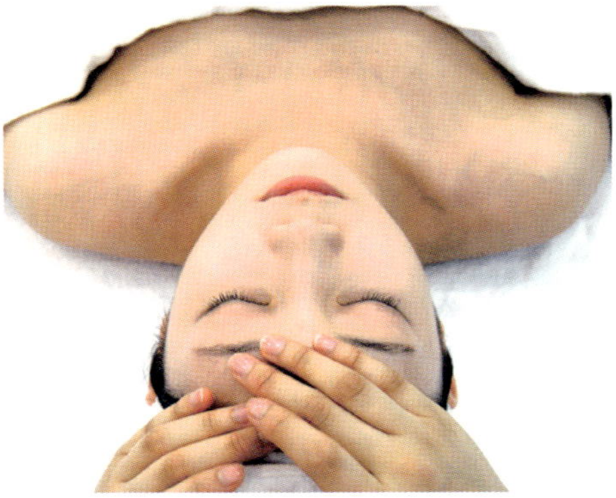

21) 볼로 내려가 코로 올라와 코벽 쓸기(4회)

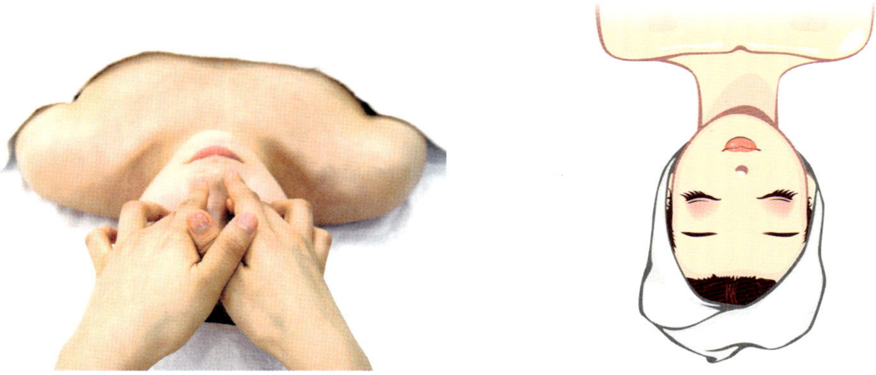

22) 중지로 콧등 쓸기(4회)

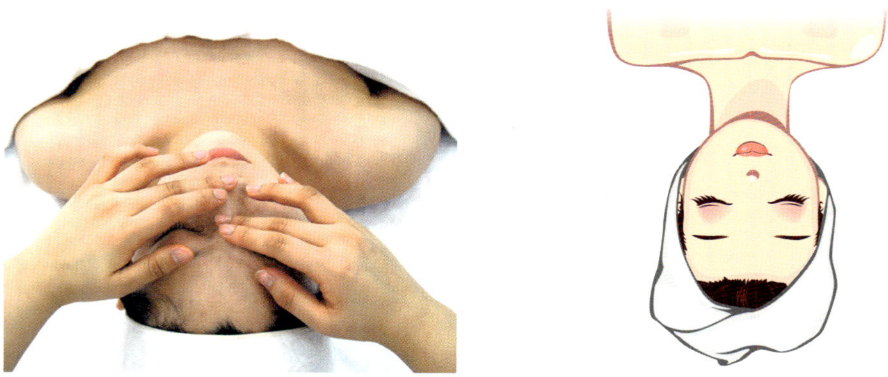

23) 한 손 돌린 후 중지, 약지로 볼 지그재그 후 턱 감싸고 올라오기

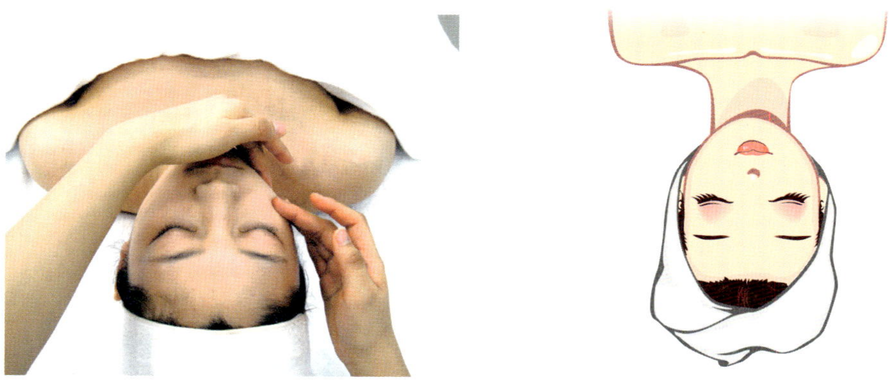

24) 양볼을 3등분으로 나누어 가볍게 두드려주기

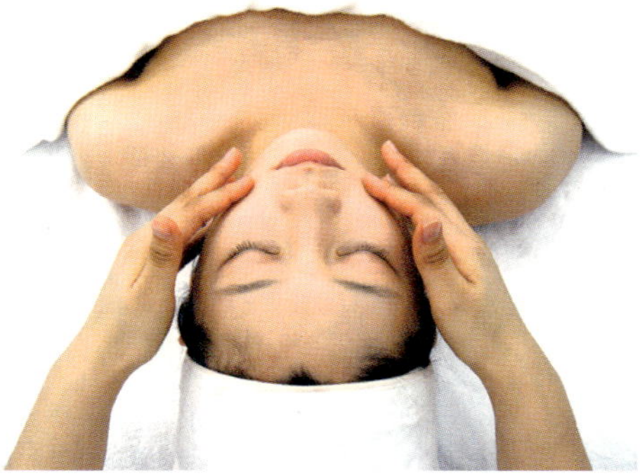

25) 볼 부위 손가락으로 번갈아가며 털어주기

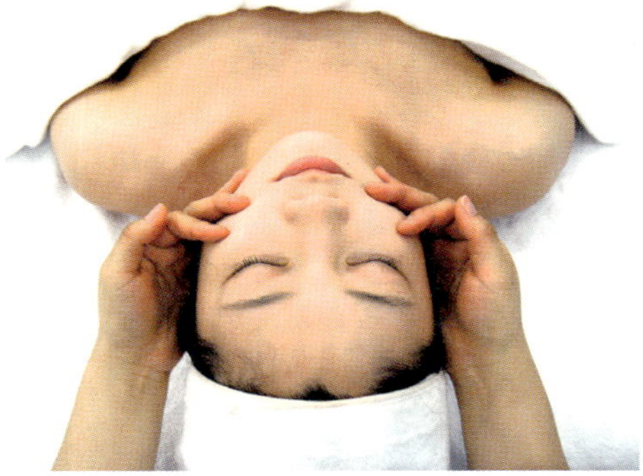

26) 3등분으로 중지, 약지를 이용하여 굴려주기

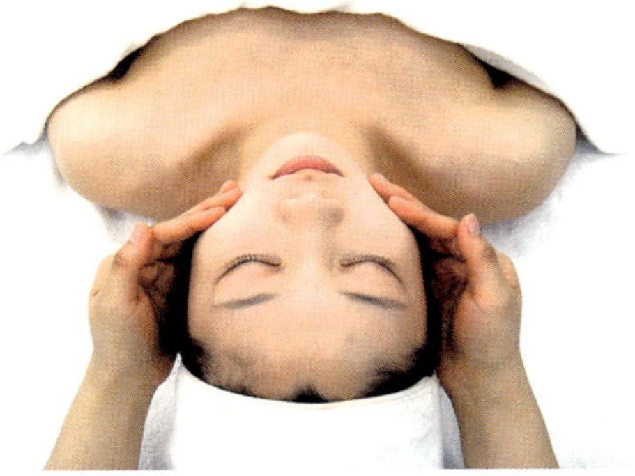

27) 얼굴형 따라 돌려주기(2회)

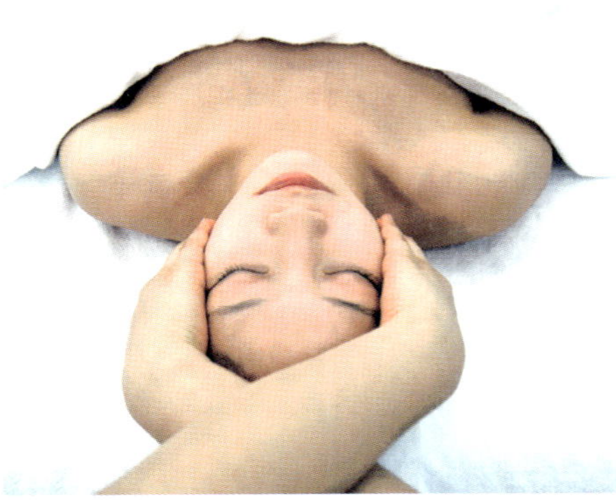

28) 손가락으로 목 쓸어올리기

29) 깍지 끼고 올라와서 입 주위 중지로 쓸어주기(2회)

30) 턱선 손바닥으로 쓸고 턱선 따라 쓸어 올려주기(2회)

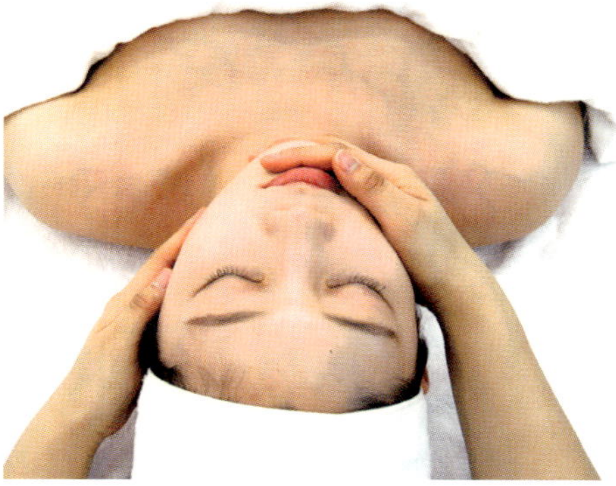

31) 턱선 따라 쓸어주고 목으로 내려가 가슴 쓸어주기(2회)

32) 코 선 따라 올라와서 턱으로 내려가 볼 바이브레이션

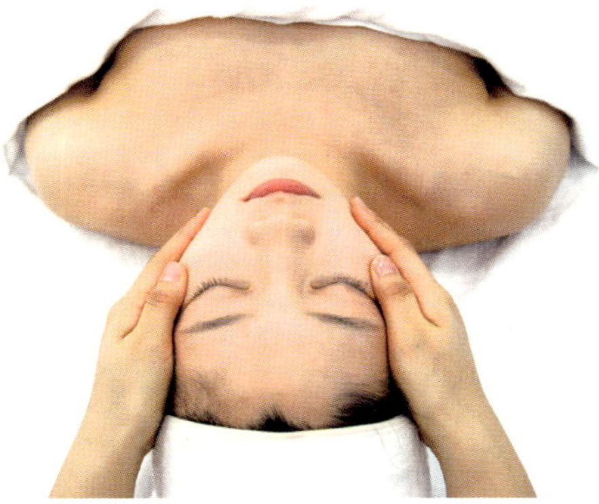

33) 턱 감싸서 올라와 얼굴 2등분하여 마지막 쓰다듬기

7. 티슈 사용법

facetreatment

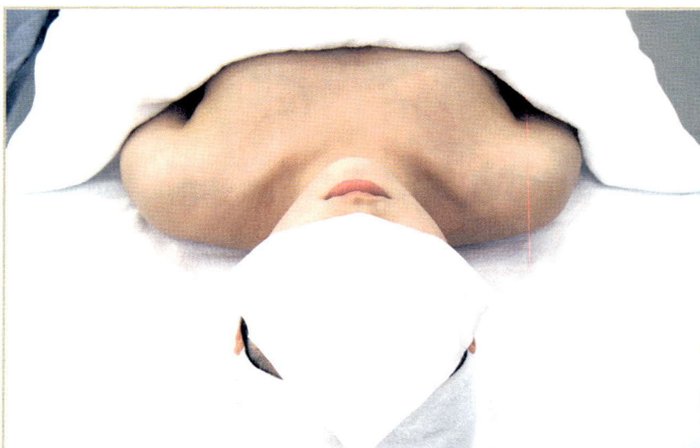

1) 티슈를 반으로 접어 이마에서 코선까지 덮어 준다.

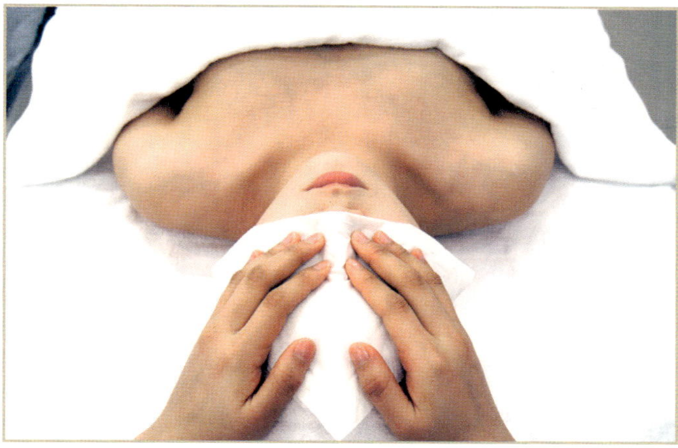

2) 가볍게 손바닥으로 눌러준다.

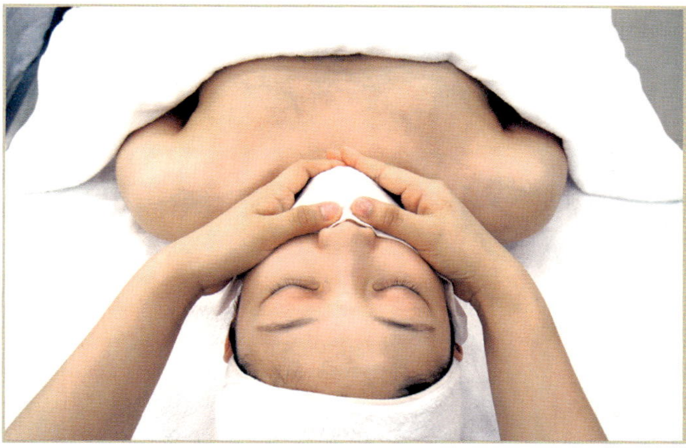

3) 티슈를 뒤집어 코 아래에 두고 가볍게 눌러 준다.

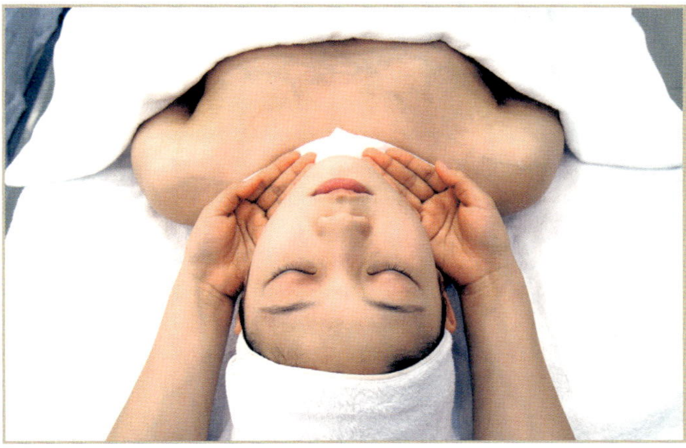

4) 티슈를 목에 대고 손등으로 눌러준다.

5) 쇄골 아래 티슈를 대고 손바닥으로 눌러준다.

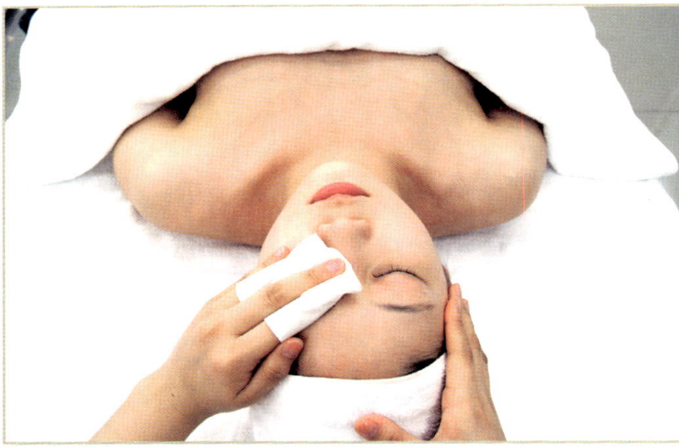

6) 티슈를 손가락에 끼워 전체적으로 눌러주고 마무리 한다.

Chapter 10
팩과 마스크

1. 팩(pack)과 마스크(mask)의 정의

facetreatment

팩이란 영어의 'package'로 둘러싸다, 포장하다'라는 의미에서 유래된 말이다. 얼굴을 감싼다는 의미로 외피에 피막을 형성하여 일시적으로 피부를 외기와 차단하고 수분을 피막과 표피사이에 체류시켜 피부를 유연하게 하여 수분이나 유분, 기타 유효 성분을 침투하기 용이하게 하는 것이다.

팩이나 마스크는 보통 같은 의미로 쓰이지만 이 두 가지를 구분해서 쓰기도 하는데 팩은 바른 후에 굳어지지 않으며 공기를 통과시키는 것이고 마스크는 바른 후 딱딱하게 굳어져 공기를 차단시키는 것을 말한다.

2. 팩과 마스크의 효과

facetreatment

1) 혈액순환과 림프순환 촉진
2) 피지, 노폐물 흡착 등으로 피부 청정효과
3) 보습, 세포재생, 탄력강화효과
4) 염증 완화 및 살균효과
5) 미백 및 진정효과

3. 팩과 마스크 사용시 주의사항

facetreatment

1) 재료 선택에 신중을 하여야 하고 시술 전에는 패치 테스트(patch test)를 실시한다.
2) 일반적으로 표피층의 두께가 얇은 눈 주위와 입 주위는 도포하지 않는다.
3) 팩과 마스크 도포는 신속하게 하며 심리적 안정을 위해 아이패드를 한다.
4) 천연팩은 사용하기 직전에 만든다.
5) 트러블 방지를 위해 한방팩은 세가지 이상 섞지 않는다.

4. 팩과 마스크의 분류

facetreatment

1) 팩 제거 방법에 따른 분류

(1) 필오프 타입(peel off type, film type)

① 젤 또는 액체 형태로 되어 있다.
② 얼굴에 얇은 필름막을 떼어내는 팩이다.
③ 건조되면서 피부에 얇은 필름막을 형성한다.
④ 필름막을 떼어낼 때 노폐물, 죽은 각질세포가 제거된다.

(2) 워시오프 타입(wash off type)

① 물로 씻어서 제거하는 팩이다.
② 크림, 젤, 클레이, 분말 등의 형태로 제품을 바른다.
③ 10~30분의 적정 시간이 지난 후에 젖은 해면을 이용하거나 미온수로 씻어낸다.
④ 보습효과가 뛰어나고 피부에 자극을 주지 않는다.
⑤ 가볍게 제거하므로 사용 후 상쾌한 느낌을 받는다.

(3) 티슈 오프 타입(tissue off type)

① 티슈로 닦아내는 팩이다.
② 팩을 바른 뒤 10~15분 후 티슈로 닦아낸다.
③ 흡수가 잘 되는 크림이나 젤 형태로 되어 있다.
④ 보습과 영양 공급 효과가 뛰어나 건성, 노화 피부에 적당하다.

2) 제형에 따른 분류

(1) 파우더 타입(poeder type)

① 피부에 습기와 지방을 흡수하는 파우더의 성질을 이용한다.
② 증류수, 화장수 등과 섞어 사용한다.
③ 파우더는 피부의 습기와 지방을 흡수하고 입자가 고운 것일수록 흡입력이 크다.
④ 피부 도포 후 수분이 증발하면서 건조화 되는데 이때 피부온도가 내려가 서늘해진다.

3) 크림 타입(cream type)

① 피부 유형과 사용 목적에 따라 다양한 유효성분을 함유하고 있다.
② 피부에 영양, 보습, 유연, 진정, 정화작용을 한다.
③ 제품화된 것이 대부분이며 유화 형태이므로 사용감이 부드럽고 침투가 쉽다.

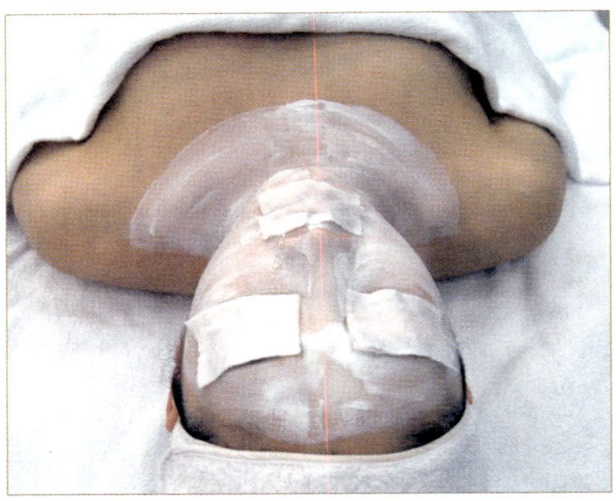

그림 10-1 크림팩

4) 젤 타입(gel type)

① 수성의 젤 형태로 만들어져 피부에 청량감을 부여 한다.
② 피부 진정효과와 보습효과가 있다.
③ 지성, 여드름, 예민 피부에 사용하면 효과적이다.

5) 클레이 타입(clay type)

① 우수한 흡착 능력으로 피지, 노폐물 제거에 효과적이다.
② 보습효과가 있으며 지성피부에 사용한다.

6) 종이 타입(paper type)

① 콜라겐이나 다른 활성성분을 건조시킨 종이를 증류수, 화장수 등의 용액에 적신 팩이다.

5. 기능성 특수 마스크

1) 석고 마스크(gypsum mask)

미네랄 성분이 함유된 석고 분말로 실온의 증류수나 석고용 특수용액에 섞어서 사용한다. 석고 가루가 물을 만나 반응할 때 발생하는 열이 모공을 확장시켜 피부 속 깊이 영양분을 침투시키고 다시 석고가 굳으면서 모공을 닫아주어 피부를 정돈시키는 기능을 하는 것이다. 석고는 얼굴뿐만 아니라 신체 모든 부위에 적절하게 사용할 수 있으며 얼굴의 윤곽을 만들어 주기도 하며 가슴관리, 튼살관리, 셀룰라이트관리, 슬리밍관리에도 이용된다.

(1) 석고 마스크의 효과

① 노폐물 배출을 돕는다.
② 늘어진 부위를 당겨주는 리프팅 효과가 있다.
③ 미네랄 성분을 공급하여 염증을 완화시키는 작용을 한다.
④ 모공을 열어주어 주요 성분의 흡수를 촉진시켜 준다.

⑤ 피부 재생효과의 촉진으로 주름이 완화된다.
⑥ 냉각 과정에서 모공 수축 작용으로 탄력이 생긴다.
⑦ 이중턱과 늘어진 피부를 강화시켜 준다.
⑧ 수술 자국, 흉터 등의 피부 재생력을 증가시켜 준다.

(2) 석고 마스크 사용 시 주의사항

① 민감성 피부, 모세혈관 확장 피부는 피한다.
② 석고 마스크를 사용하기 전에 폐쇄공포증이 있는지 확인한다.
③ 석고 마스크의 두께는 1cm가 적당하며 너무 얇은 경우에는 원하는 효과를 볼 수가 없다.
④ 물의 온도는 약간 따뜻한 상태가 좋다.
⑤ 폐쇄공포증 환자, 심장이 약한 사람, 화농성 여드름 피부인 사람은 피하는 것이 좋다.

(3) 석고 마스크 시술방법

① 아이크림과 피부 유형별 영양크림, 석고 베이스 크림을 바른다.
② 눈썹과 속눈썹을 보호하기 위해 아이패드를 적용한다.
③ 거즈를 구겨지지 않게 피부에 밀착시킨다.
④ 석고 파우더를 볼에 담아 증류수를 부어 스파츌라로 저어준다.
⑤ 일정한 두께로 신속하게 석고를 도포한다.
⑥ 15~20분이 지나 석고의 열이 식으면 턱 아래에서 윗 방향으로 석고를 가볍게 떼어낸다.
⑦ 해면과 냉습포를 사용하여 석고의 잔여물을 제거하고 화장수로 피부를 정돈한다.
⑧ 피부타입에 맞는 아이크림, 에센스, 영양크림 등을 발라준다.

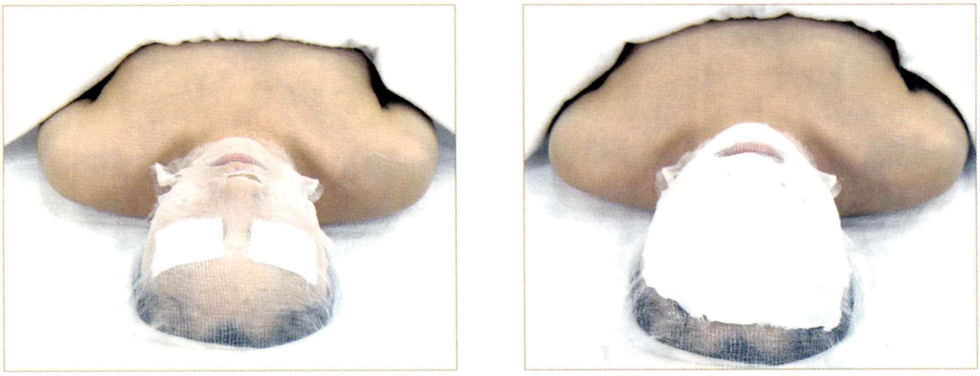

그림 10-2 석고 마스크

2) 고무 마스크(modelling mask)

해초 추출물인 알긴산을 원료로 파우더 상태로 되어 있어 제품에 따라 증류수나 특수 용액에 혼합하여 도포한 후 일정 시간이 지난 후 고무처럼 굳어지면서 마스크의 활성 성분을 흡수시키는 마스크이다. 고무마스크의 온도가 체온보다 낮아 진정효과를 주어 모든 피부에 사용될 뿐 아니라 특히 예민피부나 여드름피부에 효과적으로 적용된다.

(1) 고무마스크의 효과

① 피부의 노폐물을 제거한다.
② 유효성분이 보다 효과적으로 흡수된다.
③ 신진대사 촉진, 진정, 탄력효과 증진, 수분 공급, 소염, 재생효과가 뛰어나다.
④ 혈액 및 림프 순환을 촉진시키고 모공 수축에 효과적이다.

(2) 고무마스크 사용 시 주의사항

① 제거하기 쉽도록 가장자리를 두껍게 바르도록 한다.
② 볼에 남아있던 팩제를 하수구에 버리지 않도록 한다.
③ 팩 도포 시에 코를 막지 않도록 한다.
④ 팩 혼합 시에 흘러내리거나 굳어지지 않도록 농도를 잘 조절하도록 한다.

(3) 고무 마스크 시술방법

① 아이크림 도포 후 아이패드를 적용한다.
② 피부 상태에 따라 에센스나 앰플을 도포한다.
③ 파우더와 증류수를 골고루 섞어준다.
④ 피부 위에 두께가 균일하게 도포하도록 한다.
⑤ 15~20분 후 목에서 이마 쪽으로 마스크를 제거한다.
⑥ 해면과 냉습포를 사용하여 잔여물을 제거하고 화장수로 피부를 정돈한다.
⑦ 피부타입에 맞는 아이크림, 에센스, 영양크림 등을 발라준다.

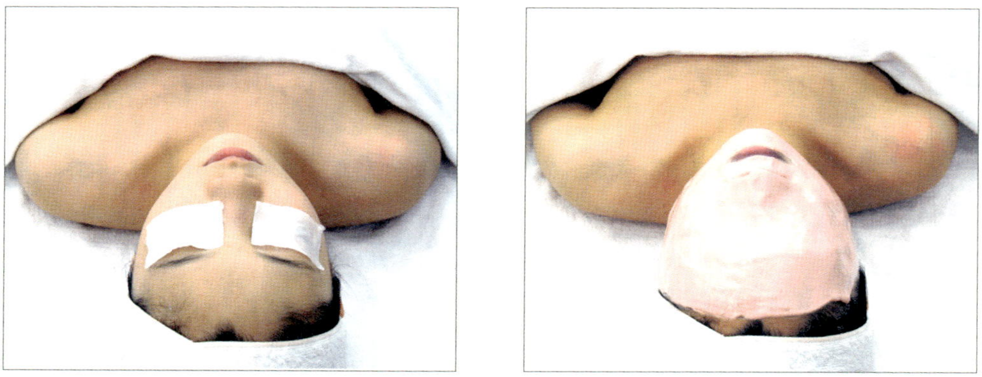

그림 10-3 고무 마스크

3) 콜라겐 마스크(collagen mask, velvet mask)

활성성분을 함유한 종이 유사형태의 셀룰로오즈로 되어 있으며 액체에 적셔 마스크의 활성성분을 흡수시키는 마스크이다. 모든 피부에 사용가능하며 특히 건성피부와 노화 피부에 효과적이다.

(1) 콜라겐 마스크의 효과

① 세포재생과 노화 방지효과가 뛰어나다.
② 피부탄력을 강화시키고 피부미백에 효과적이다.

③ 보습력이 뛰어나 잔주름 예방에 도움이 된다.

④ 면역기능을 향상시켜 여드름피부와 알러지 피부에 효과적이다.

(2) 콜라겐 마스크 사용시 주의사항

수용성 콜라겐의 침투를 원활하게 하기 위해 유분기가 많은 앰플 사용은 피하도록 한다.

(3) 콜라겐 마스크 시술방법

① 피부 타입에 맞는 에센스나 앰플을 바른다.

② 마스크를 얼굴 크기에 맞춰 재단하여 붓 또는 솜을 증류수에 적셔 피부에 밀착시켜 부착한다.

③ 20~30분간 후에 마스크를 제거하고 피부타입에 맞는 아이크림, 에센스, 영양크림 등을 발라준다.

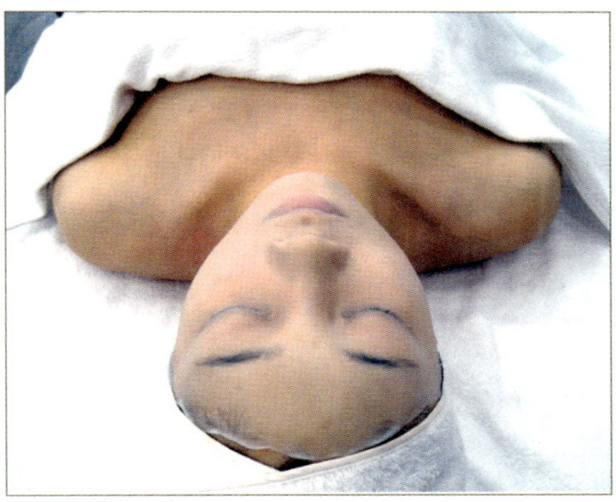

그림 10-4 콜라겐 마스크

4) 파라핀 마스크(paraffin mask)

밀랍, 파라핀 왁스, 바세린, 에틸알코올, 스테아릴알코올, 미네랄 오일과 왁스를 혼합한 마스크를 온열기를 이용하여 녹여 사용하는 열 마스크 형태이다. 45℃ 이상의 발열 효과로 건성피부, 노화 피부, 손·발관리에 효과적으로 사용된다.

(1) 파라핀 마스크의 효과

수분부족 피부의 수분 밸런스를 회복시키고 발열작용으로 혈액순환 촉진과 유효성분의 침투를 촉진한다.

(2) 파라핀 마스크 사용시 주의사항

① 민감성 피부나 모세혈관 확장 피부는 피한다.
② 가열된 왁스는 시술자의 손목 안쪽 부위에 테스트를 하여 적정 온도를 맞추어 사용한다.

(3) 파라핀 마스크 시술방법

① 파라핀 워머에 파라핀을 넣어 가열하여 용해 시킨다.
② 피부 타입에 맞는 앰플과 베이스크림을 바른다.
③ 아이패드 적용 후 거즈를 씌운다.
④ 붓을 이용하여 목, 턱, 뺨, 코 이마순으로 일정한 두께로 바른다.
⑤ 두께가 0.6~0.7mm가 되도록 4~5회 덧바른다.
⑥ 마스크 형태가 부서지지 않게 조심스럽게 떼어낸다.
⑦ 화장수로 피부정돈 후 에센스와 영양크림 등으로 마무리한다.

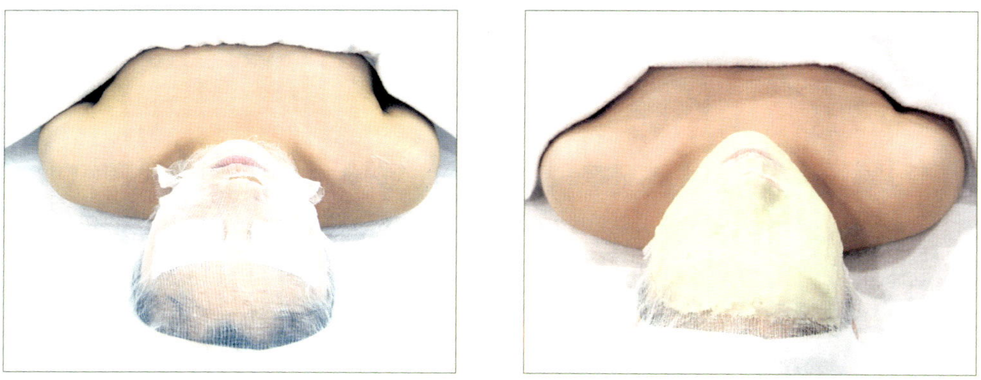

그림 10-5 파라핀 마스크

Chapter 11
전신관리

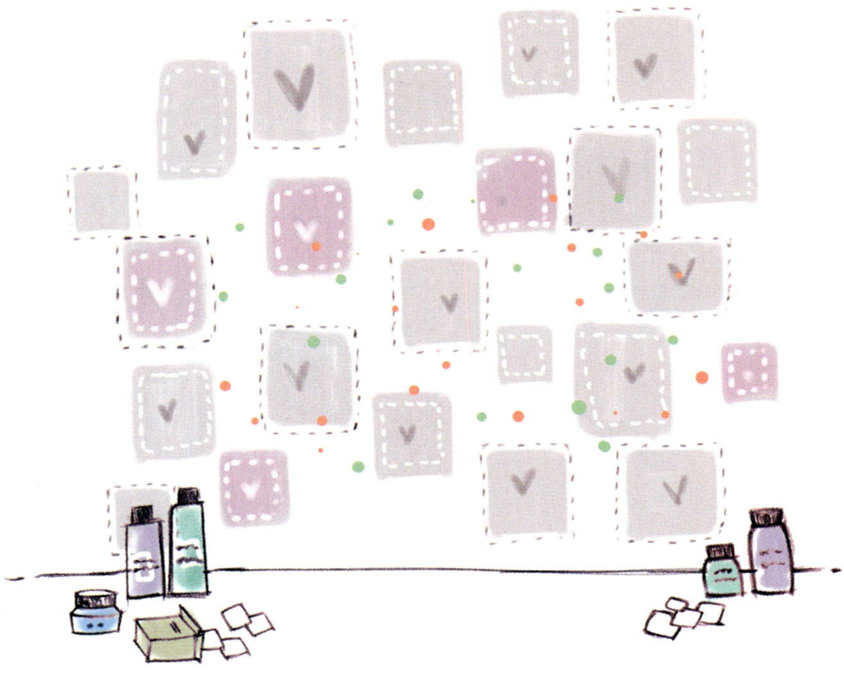

1. 전신관리의 개요

facetreatment

노화, 근육의 반복적인 사용으로 인한 탄력성의 저하, 임신과 출산, 무리한 다이어트, 자외선, 영양의 불균형 등으로 인해 신체의 아름다움은 손상되기 쉽다. 따라서 바디 마사지는 신체의 혈액과 림프의 순환 및 신경계, 호흡계 등에 전반적인 영향을 미치므로 신체의 피부가 정상 기능을 유지하고 건강한 아름다움을 가꾸는데 필요한 필수적인 요소이다.

신체 피부의 아름답고 균형 잡힌 바디 라인에 대한 가치가 높아짐에 따라 다양한 방법으로 이러한 욕구들을 충족하고자 전신관리 프로그램의 많은 발전을 가져왔다. 전신관리는 등, 가슴, 복부, 팔, 다리의 관리영역으로 구분되며 관리목적에 따라 피부탄력 강화관리, 튼살 관리, 셀룰라이트 관리 등이 있다.

2. 전신 관리의 효과

facetreatment

1) 피부의 탄력성과 흡수성을 증가시킨다.
2) 혈액순환과 림프순환의 촉진효과가 있다.
3) 전신의 자율신경이나 내분비선에도 영향을 주어 신체의 불균형을 조절한다.
4) 신체의 결림이나 통증을 해소하는 효과가 있다.
5) 혈행의 증가로 영양물질이나 산소의 공급이 원활해져 신진대사가 촉진된다.
6) 근육이나 피하조직에 자극을 주어 혈행을 좋게 하고 내분비 기능을 조절한다.
7) 신경, 근육, 내장 등의 반사기전에 자극을 가하여 내장의 기능을 강화시키는 역할을 한다.
8) 혈액순환과 림프순환이 개선되고 내분비 기능이 정상화됨에 따라 신체의 자연 면역력이 증가된다.
9) 안정된 상태에서 전신관리를 받음으로써 심리적인 안정감과 행복감을 느낄 수 있다.

3. 전신관리를 위한 준비

facetreatment

1) 관리용 침대와 담요, 타월 등을 깨끗하게 한다.
2) 실내는 조용한 음악과 아로마 향으로 심신을 편안하고 안정감을 주는 분위기를 조성한다.
3) 고객에게 관리 과정을 자세하게 설명한다.
4) 매뉴얼 테크닉을 하지 않는 부위는 마른 타월로 덮어 따뜻하게 체온을 유지한다.
5) 피부관리사의 손을 항상 부드럽고 따뜻하게 한다.

4. 전신관리 시 주의사항

facetreatment

1) 충분한 상담을 통하여 고객의 병력을 체크하고 몸 상태를 파악한다.
2) 피부관리사는 몸의 체중을 실어 리듬을 타고 자연스럽게 움직이며 관리한다.
3) 관리 중에는 고객과의 대화는 하지 않는다.
4) 너무 강한 압을 주어 고객의 몸에 멍이 들지 않도록 한다.
5) 손의 밀착감, 연속성, 압 조절, 리듬감 등에 유의하여 관리한다.

5. 전신관리 금기사항

facetreatment

1) 임신 초기의 관리를 피하고 임산부의 배, 가슴 마사지를 금한다.
2) 골절상의 통증이 있는 사람
3) 외상이 있거나 피부에 상처나 염증이 사람
4) 화장품 알레르기, 피부병이 있는 사람
5) 정맥류
6) 선탠 직후 피부가 자극을 받은 경우
7) 악성 종양
8) 심장 질환이 있는 경우
9) 수술 직후

6. 팔 전체 매뉴얼테크닉

facetreatment

1) 손소독 후 화장수를 이용하여 신속하게 닦아준다.

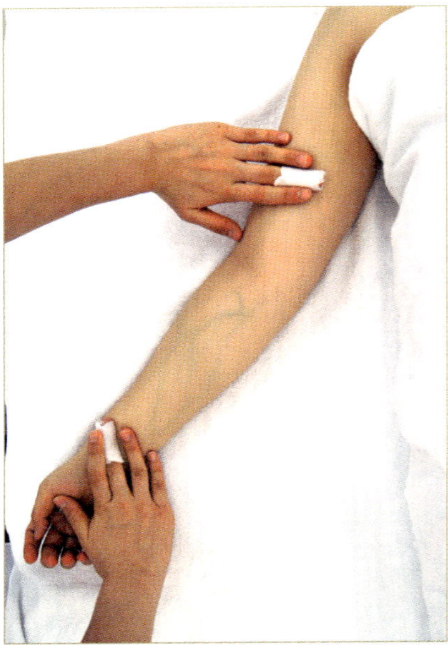

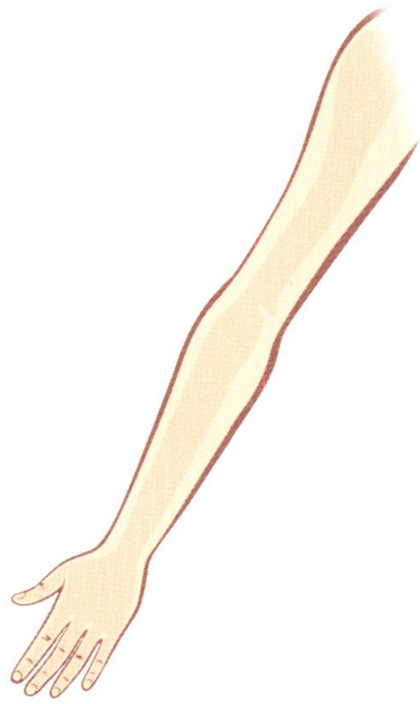

2) 손목에서 시작하여 팔, 어깨선까지 두 손으로 쓰다듬기 오일 도포 동작을 실시한다.

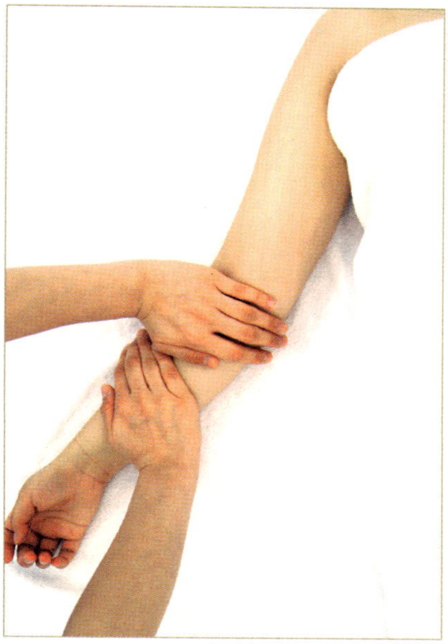

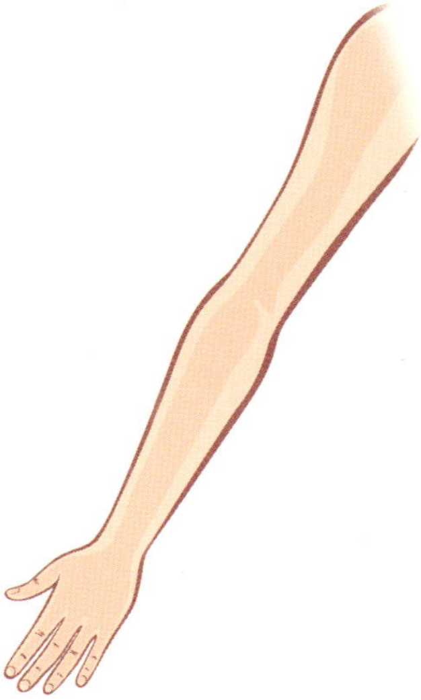

3) 손목에서 시작하여 팔, 어깨선까지 한손씩 쓰다듬는다.

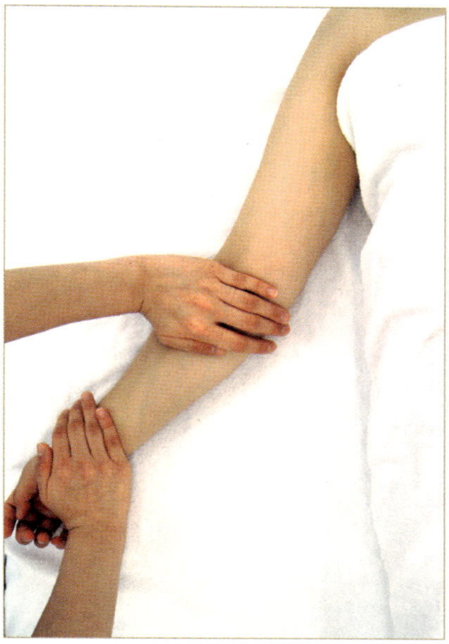

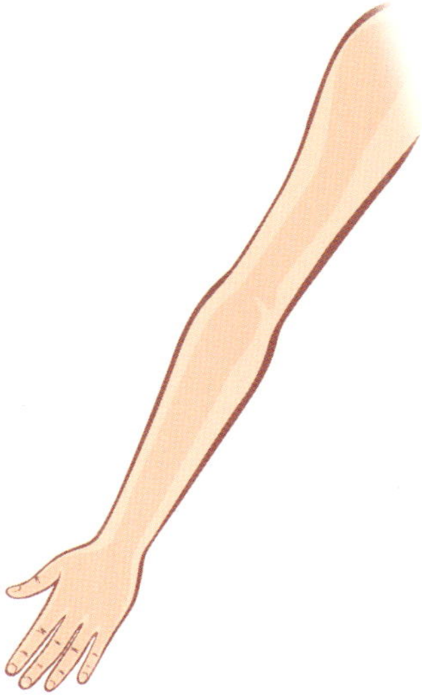

4) 손목에서 시작하여 팔, 어깨선까지 양손바닥으로 쓸어 올려 준다.

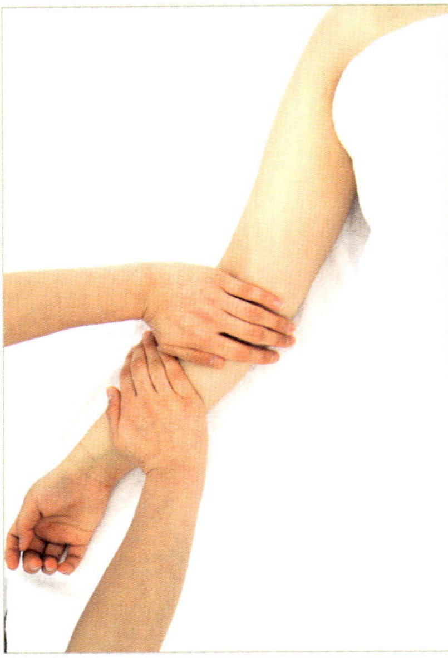

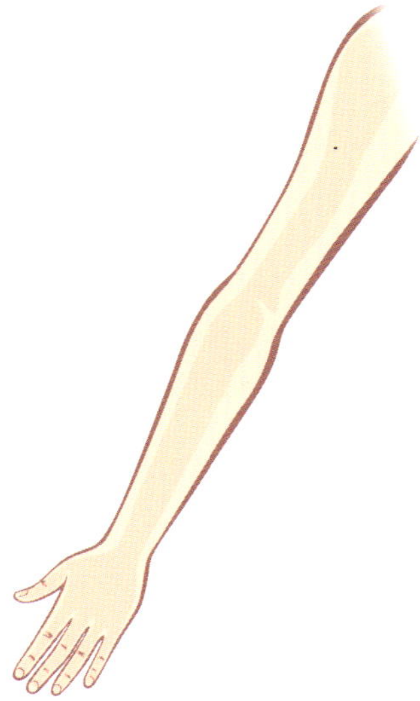

5) 손등을 손바닥 면으로 문지르고 깍지 끼워 빼준다.

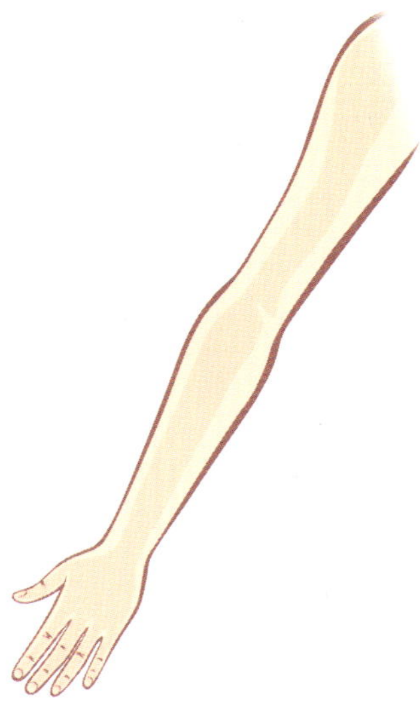

6) 손가락 내부와 외부를 엄지로 돌려주고 올라갔다 내려오며 빼준다.

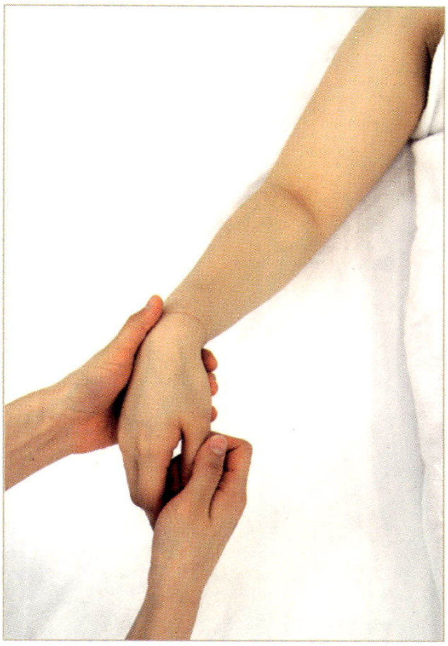

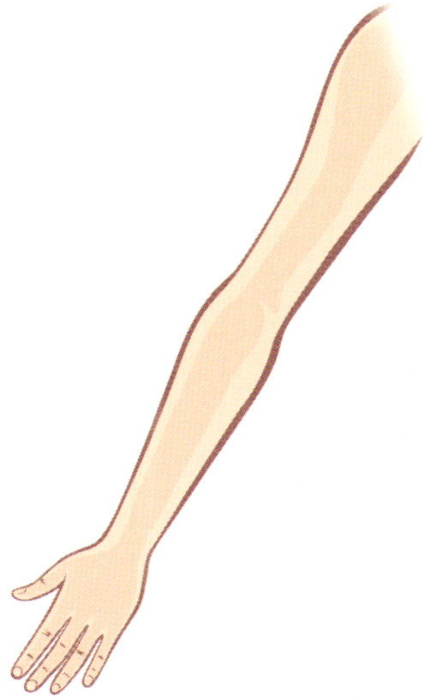

7) 손목을 엄지로 원 그리고 손등면의 손가락 사이를 엄지로 강찰 한다.

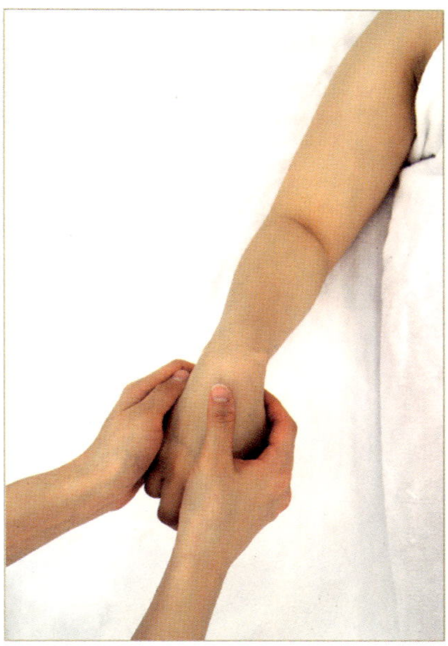

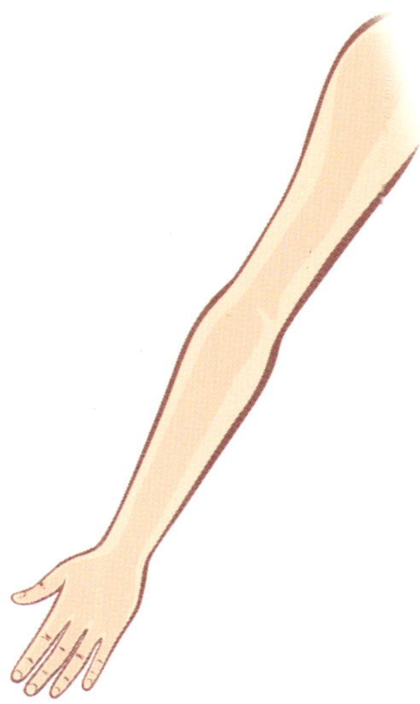

8) 손바닥을 엄지로 굴려준다.

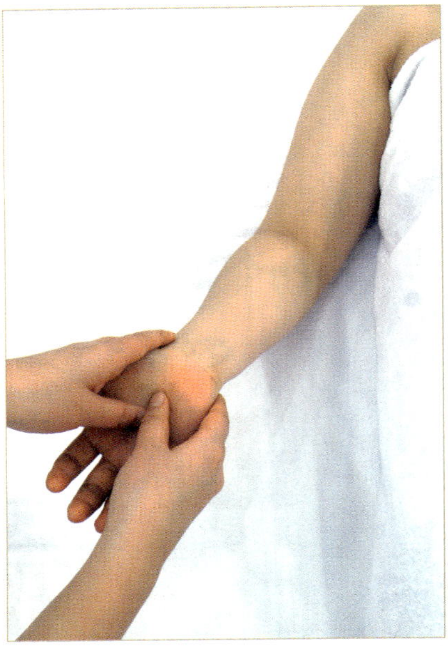

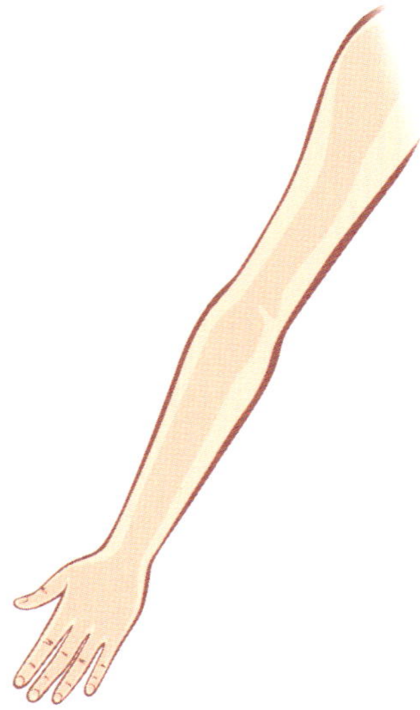

9) 손목에서 팔, 어깨선까지 한쪽씩 펴 올리며 쓸어준다.

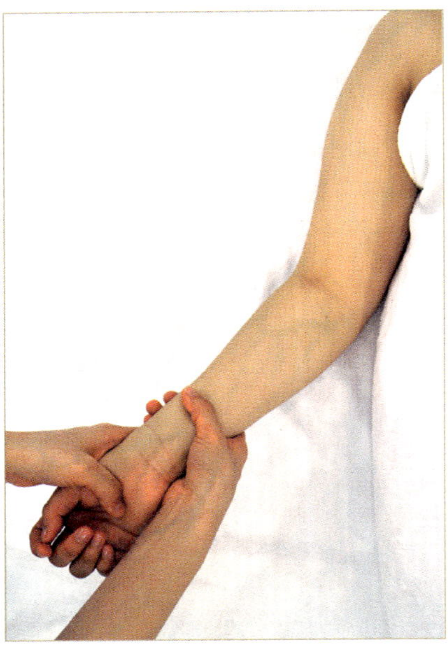

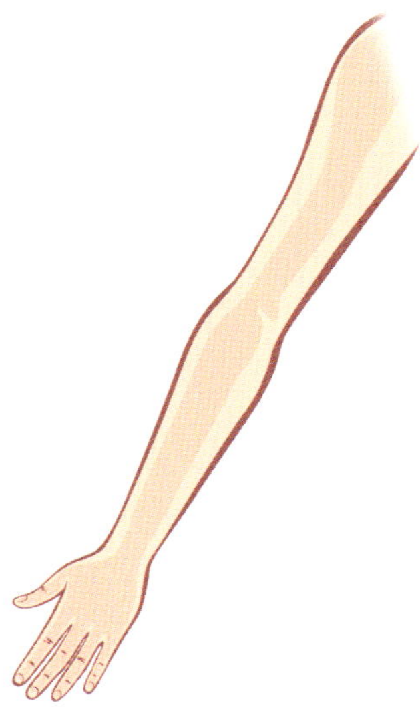

10) 손목에서 팔, 어깨선까지 양손 엄지로 돌려준다.

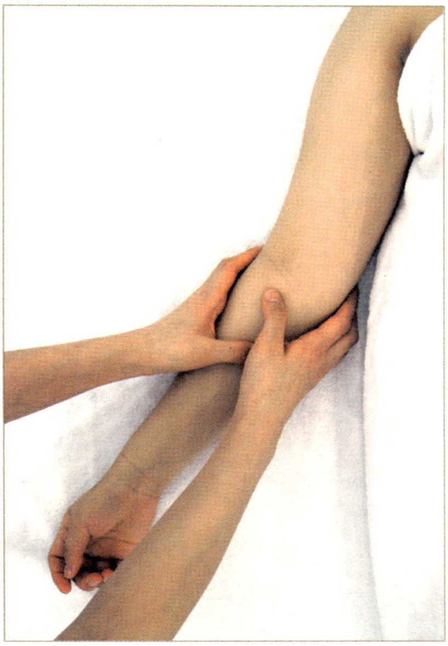

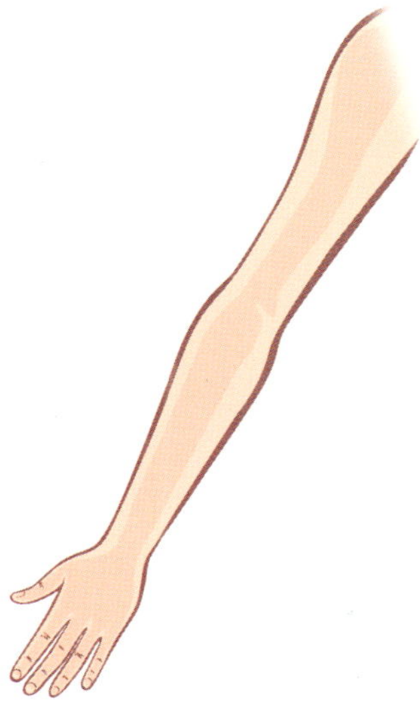

11) 손목에서 팔, 어깨선까지 퍼올리며 밀어준다.

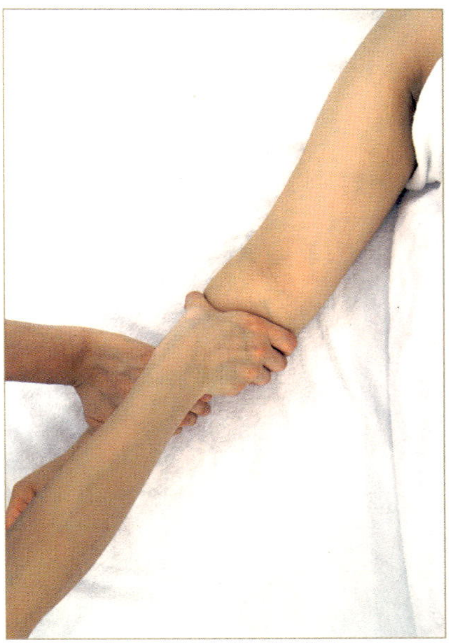

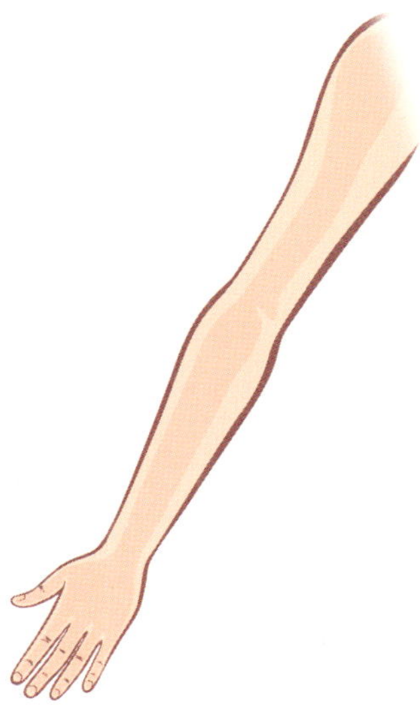

12) 손목에서 시작하여 팔, 어깨선까지 한손씩 번갈아가며 쓸어올리고 바이브레이션하면서 내려준다.

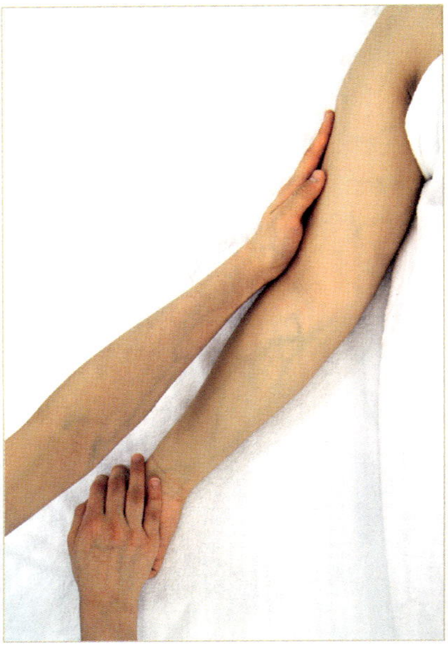

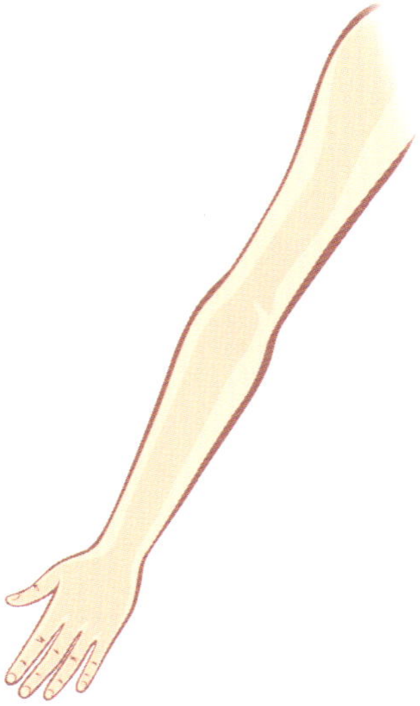

13) 손목에서 시작하여 팔, 어깨선까지 두 손으로 쓰다듬어 준다.

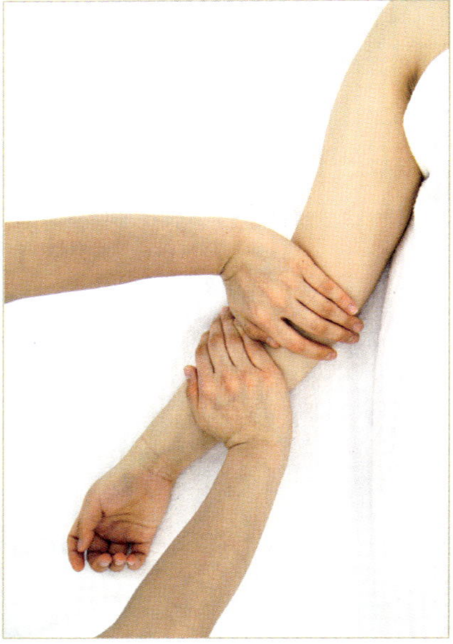

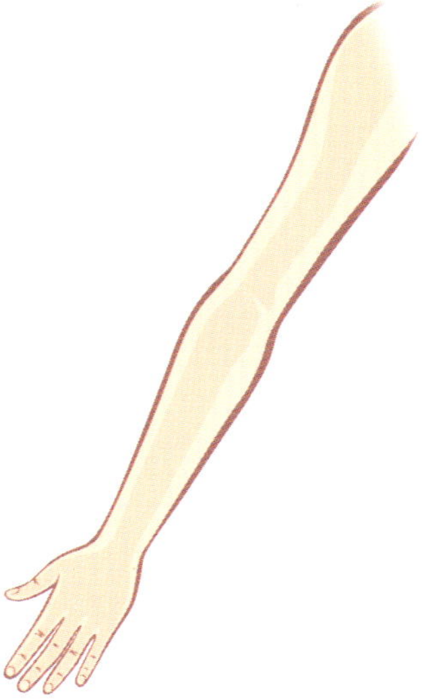

14) 온습포를 덮고 팔 근육을 집어 주고 손등을 눌러주고 닦아준다.

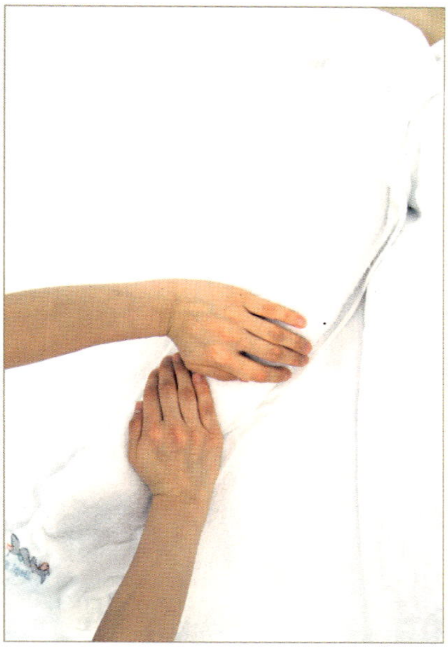

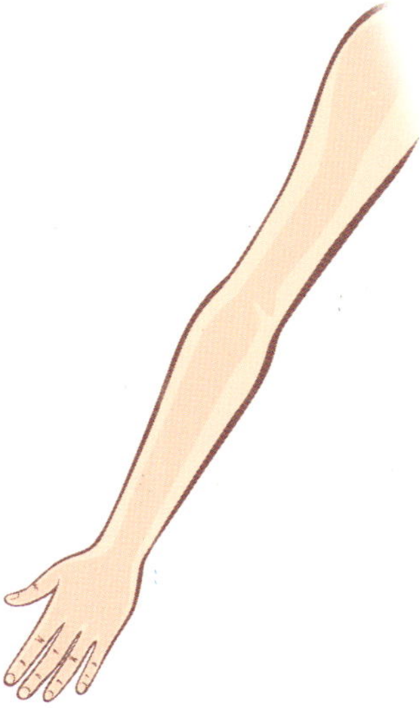

15) 화장수를 발라주고 마무리 한다.

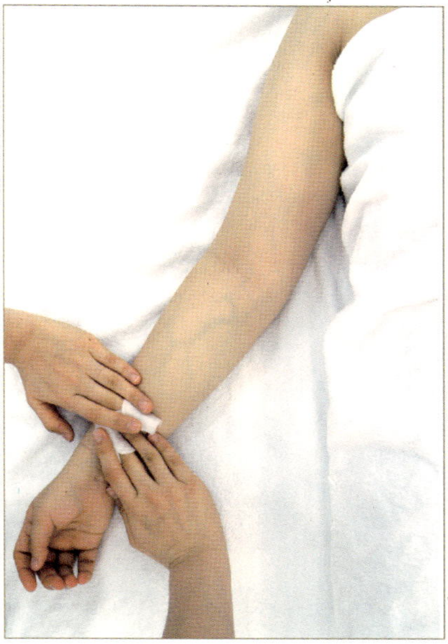

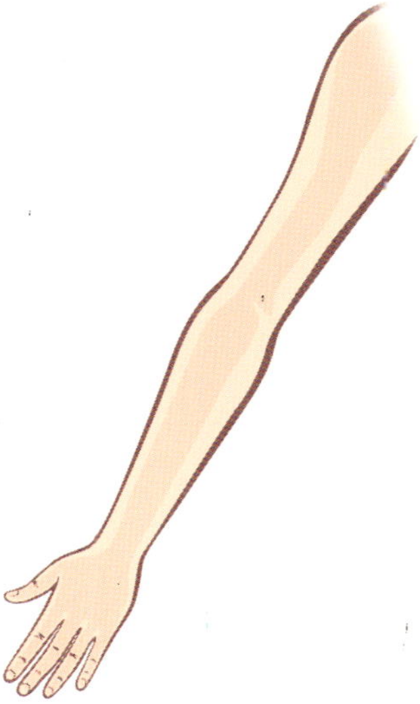

7. 다리 전체 매뉴얼테크닉

facetreatment

1) 손소독 후 발부위 소독하고 화장수를 이용하여 신속하게 닦아준다.

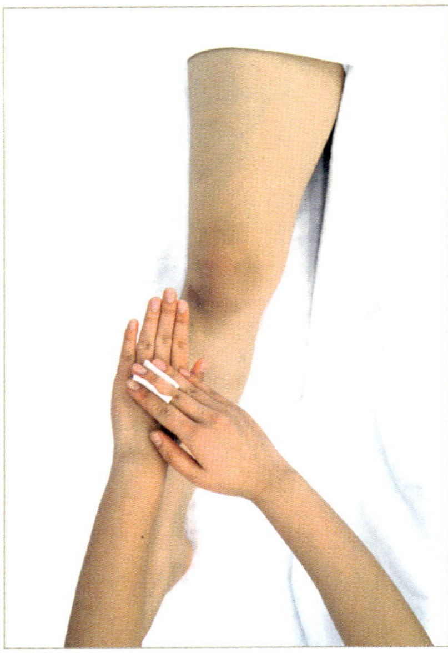

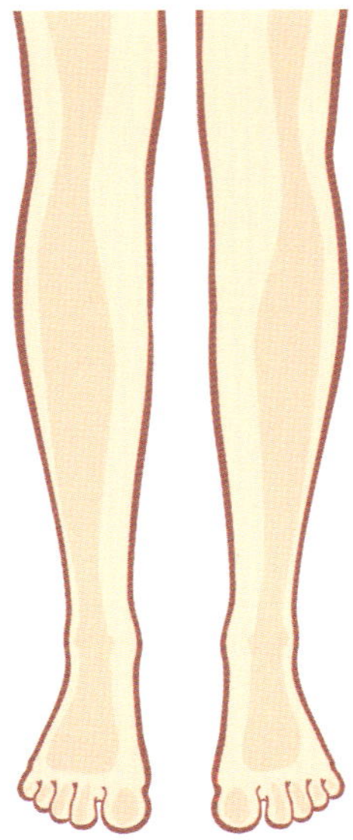

2) 양 손으로 발목에서 대퇴부까지 올라가서 후면을 쓰다듬고 비복근 사이로 내려온다.

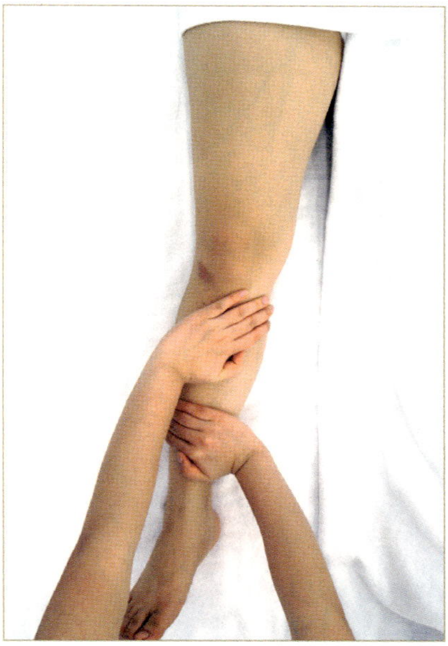

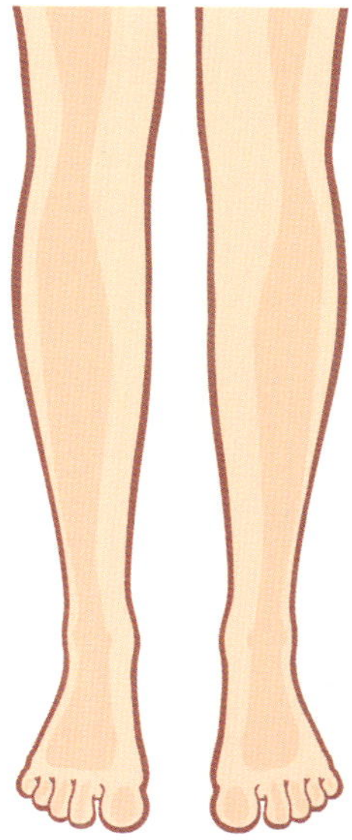

3) 발목에서 대퇴부까지 손바닥으로 회전하며 쓸어준다.

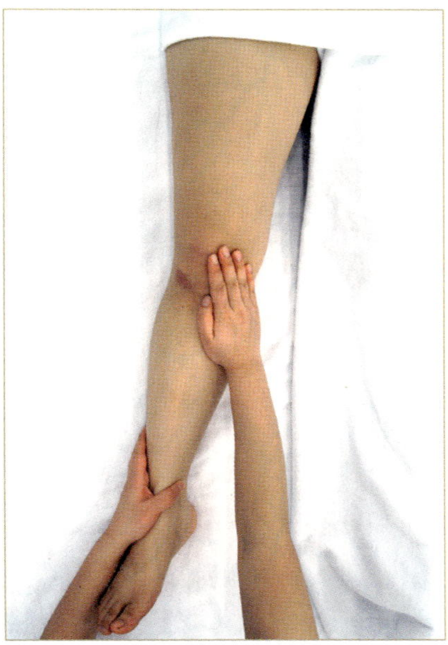

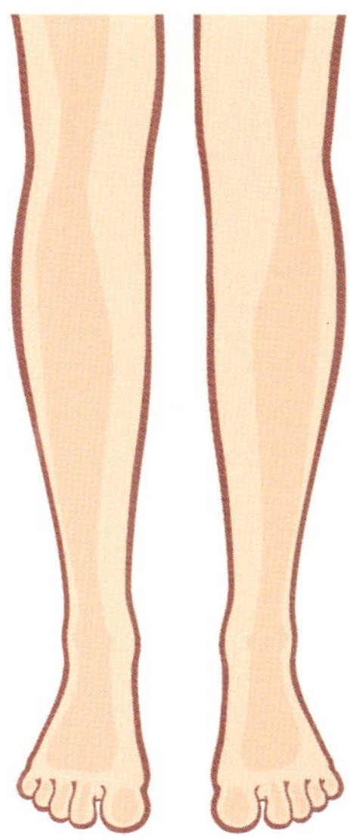

4) 양손을 겹쳐서 발등 쓸고 발바닥을 쓸어 준다.

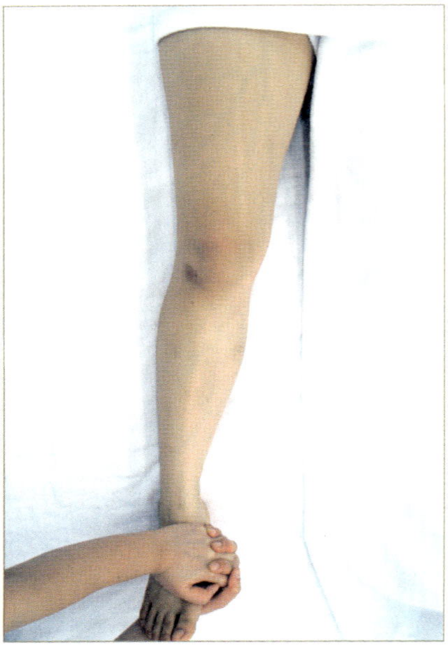

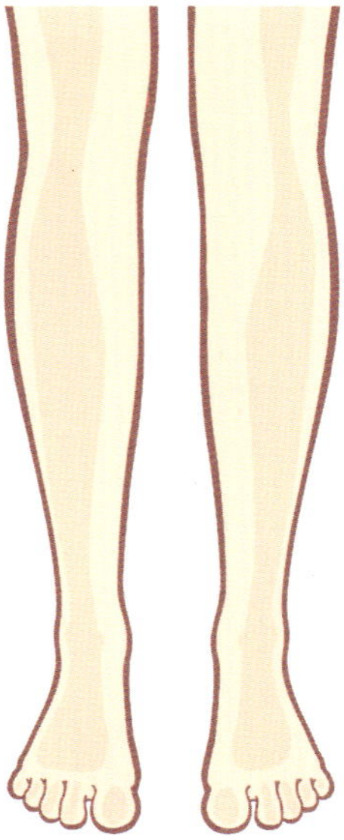

5) 네 손가락의 지두를 이용하여 족 내, 외과를 문지른다.

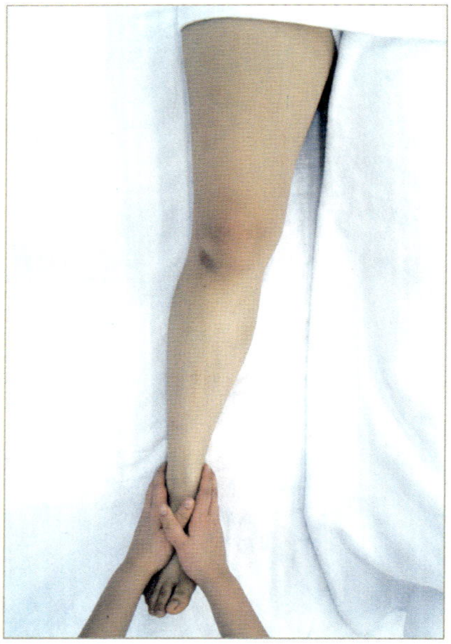

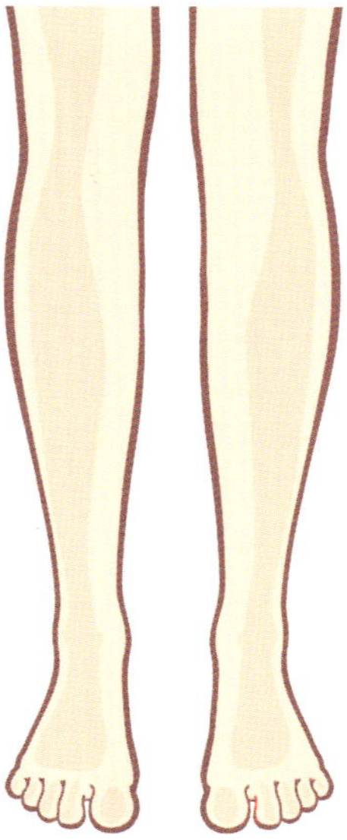

6) 엄지로 중족골 사이를 문지른다.

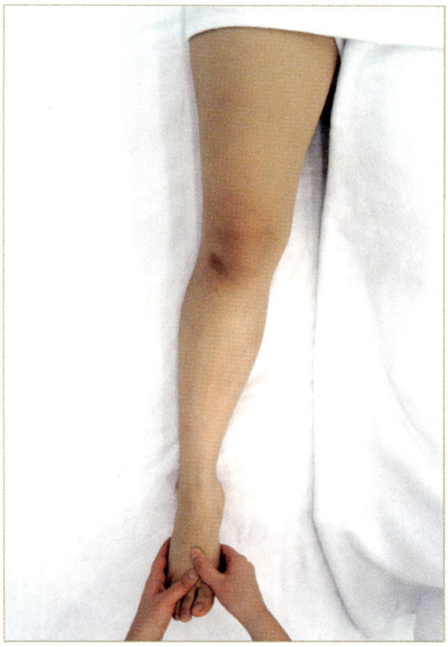

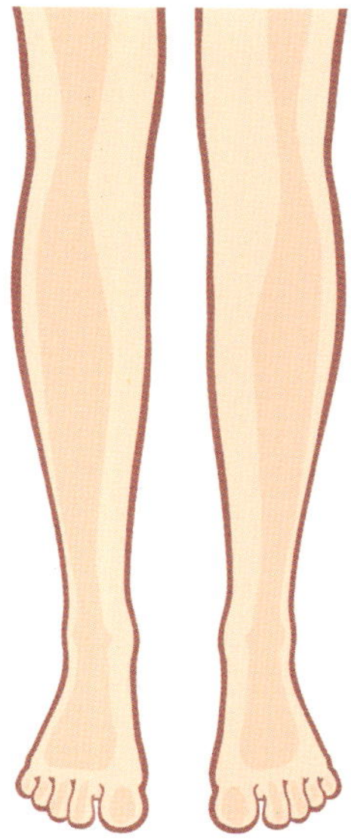

7) 엄지와 검지를 이용하여 발가락을 돌려주고 발가락 끝을 빼준다.

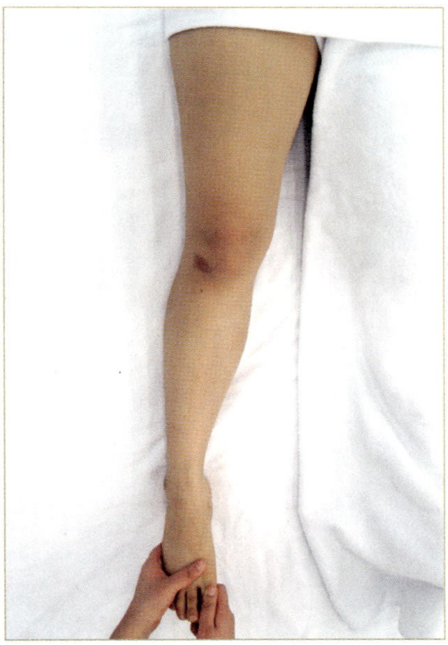

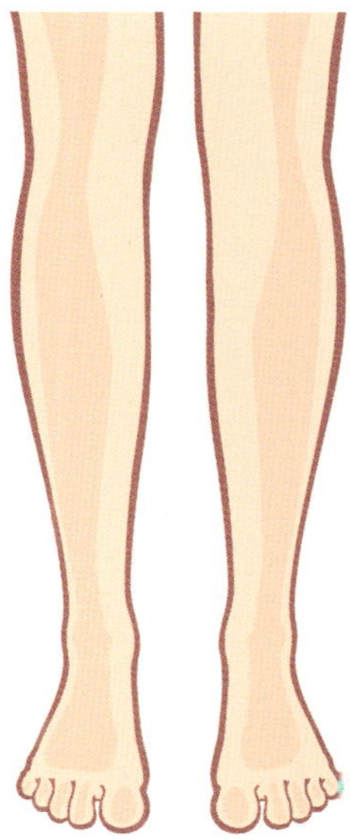

8) 양 손 모지구를 이용하여 발등을 쓰다듬는다.

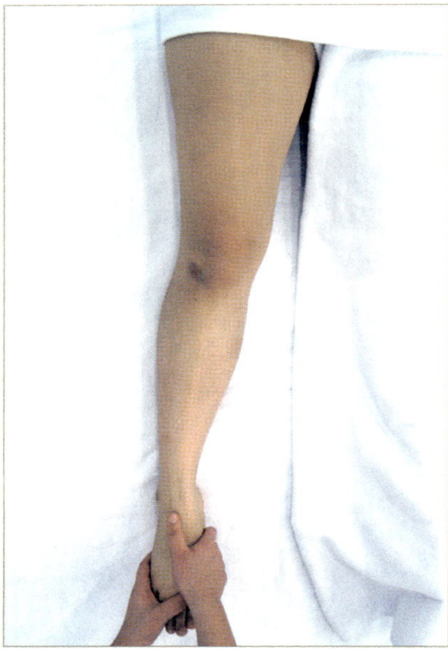

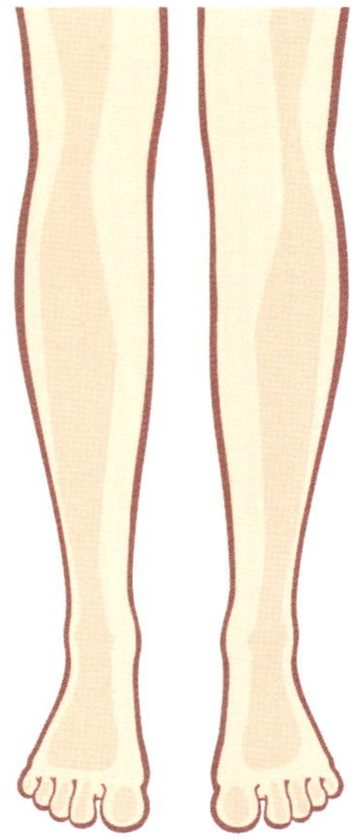

9) 옆으로 서서 이동하며 손바닥을 교차하며 상하로 움직인다.

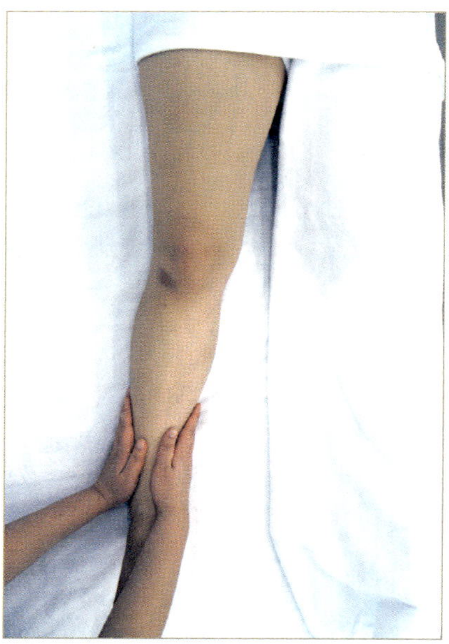

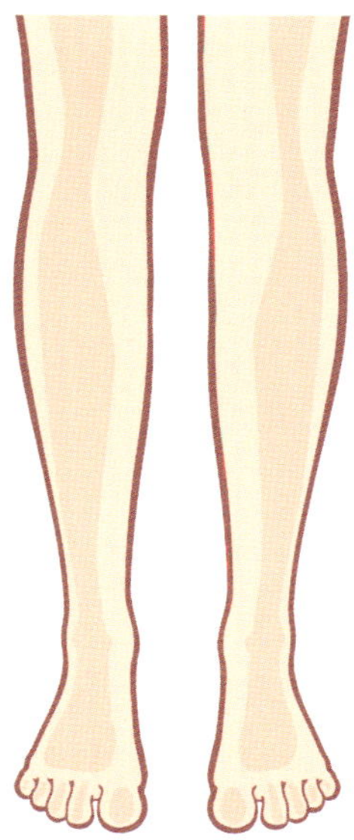

10) 옆으로 서서 이동하며 주물러준다.

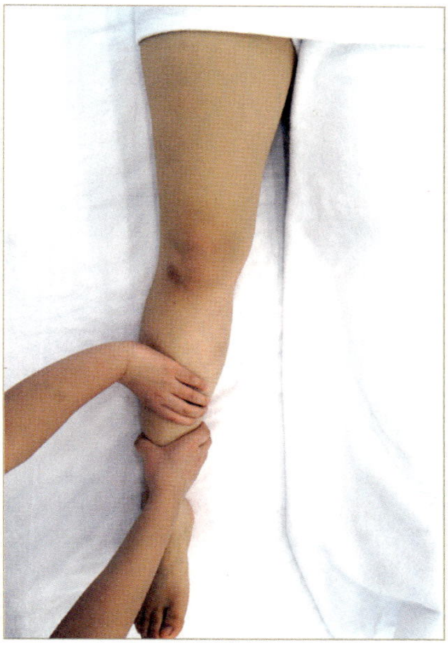

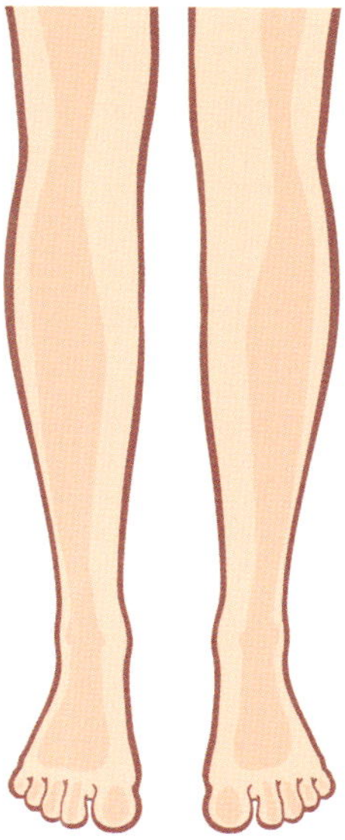

11) 옆으로 서서 이동하며 손바닥으로 밀어올린다.

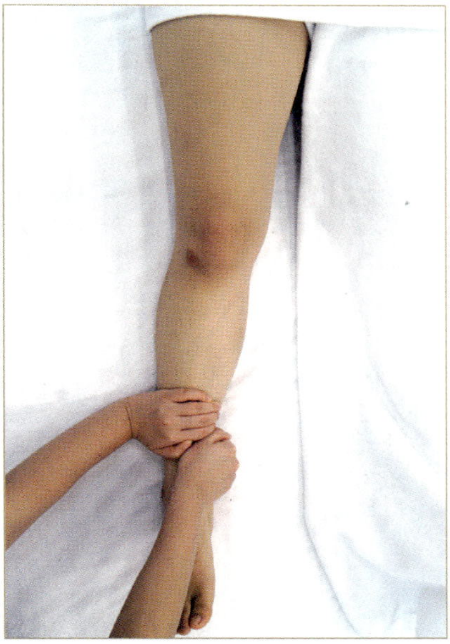

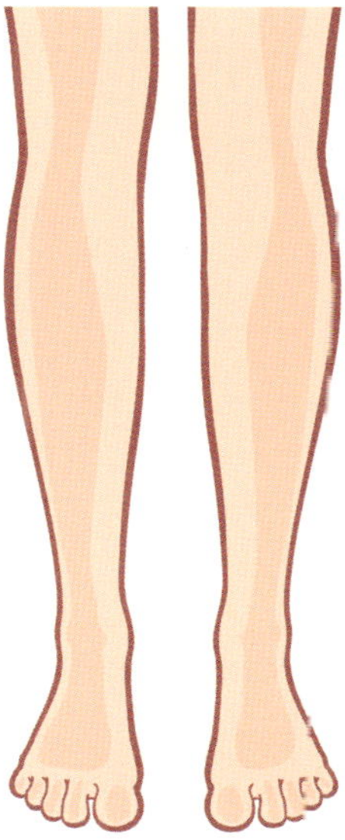

12) 다리를 접어 손바닥으로 쓸어올리고 서혜부로 쓸어 내린다.

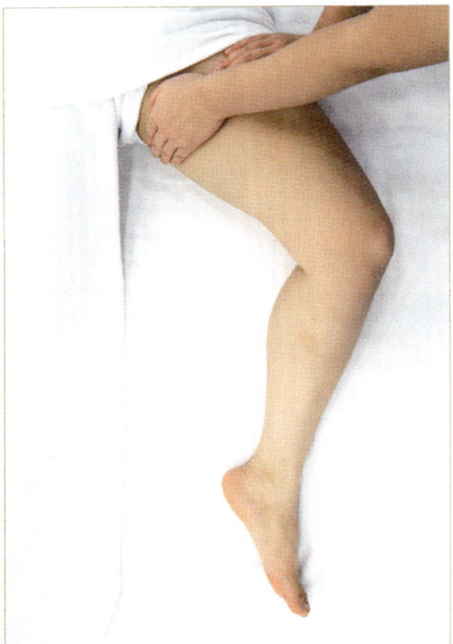

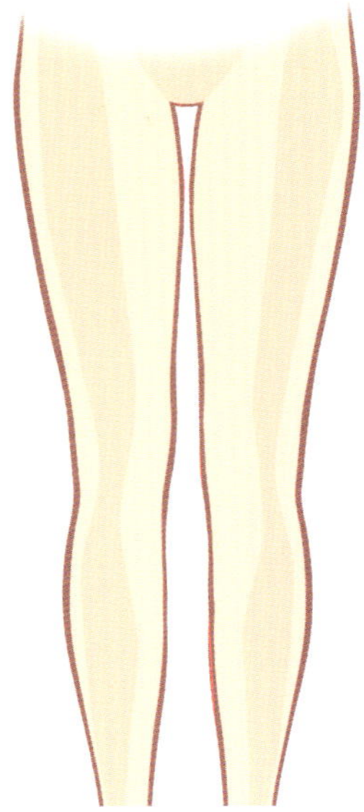

13) 다리를 접은 상태에서 허벅지 안쪽을 주물러준다.

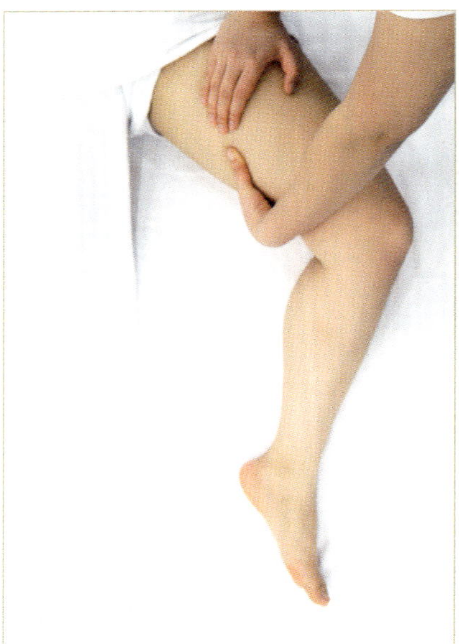

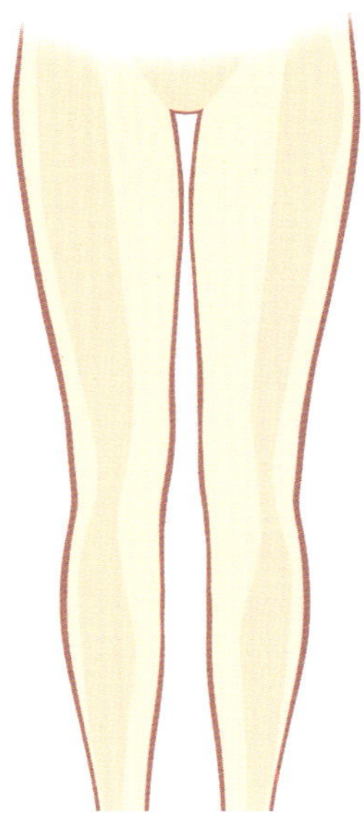

14) 무릎을 세워서 종아리를 주무르며 쓸어올리고 손끝으로 올려준다.

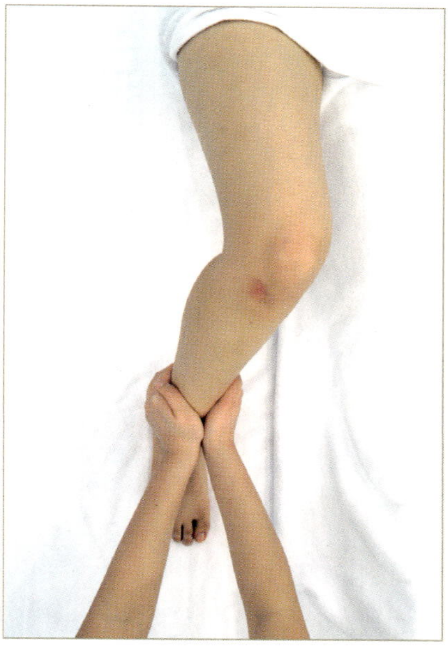

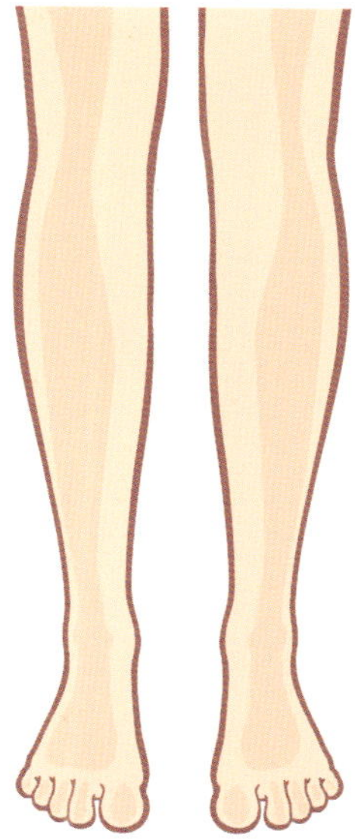

15) 다리를 정위치 시켜 외측, 내측 쓸어올리고 내려주면서 바이브레이션 한다.

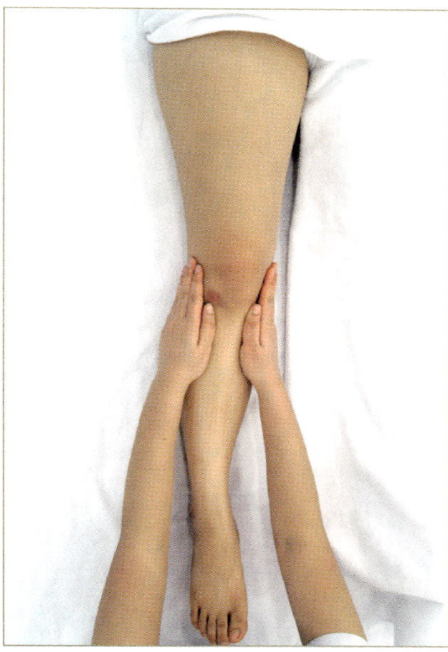

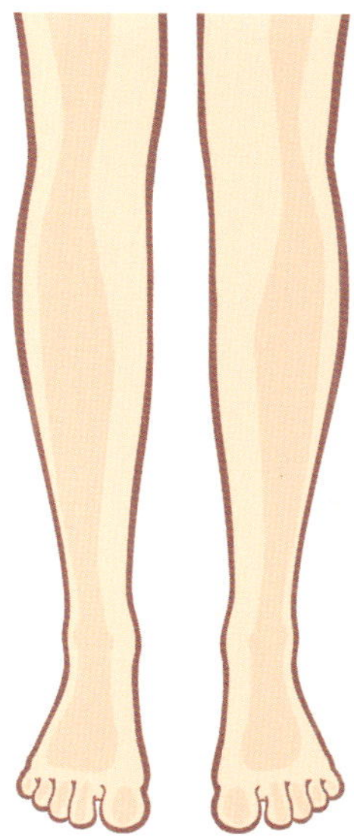

16) 양 손으로 발목에서 대퇴부까지 올라가서 후면을 쓰다듬고 비복근 사이로 내려온다.

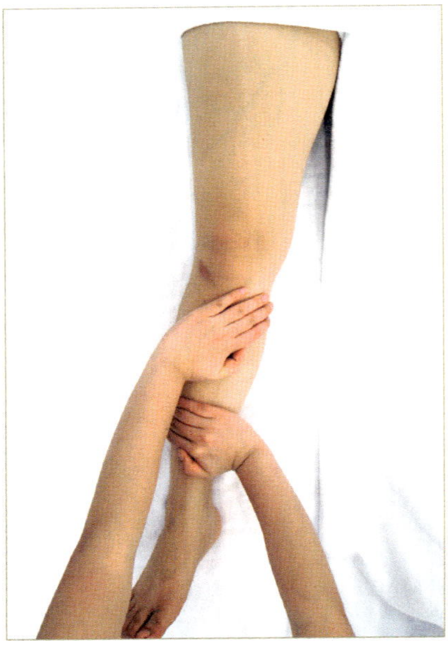

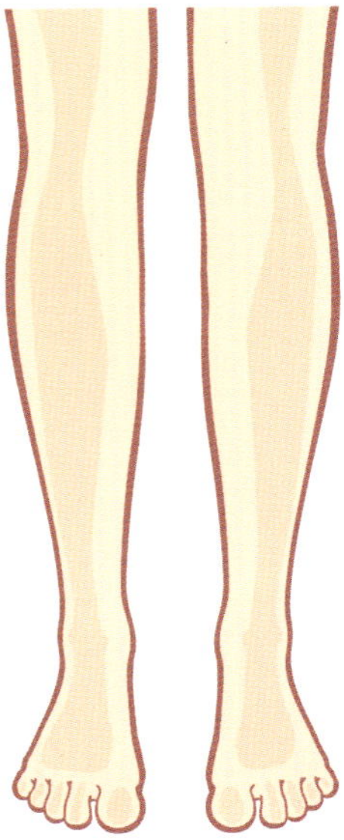

17) 온습포를 덮고 다리 근육 집어 주고 중족골 사이 눌러주고 닦아준다.

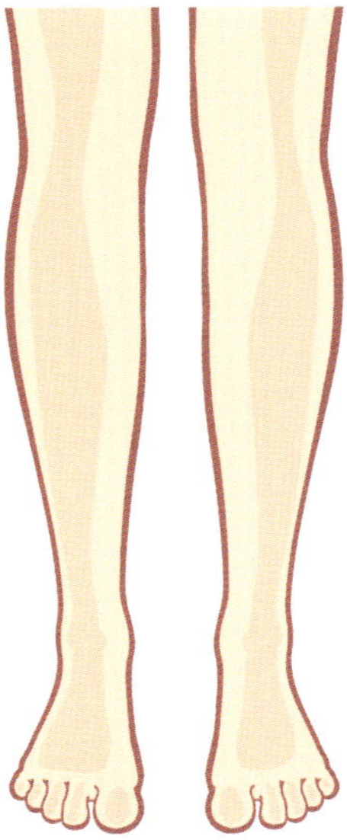

18) 화장수를 발라주고 마무리 한다.

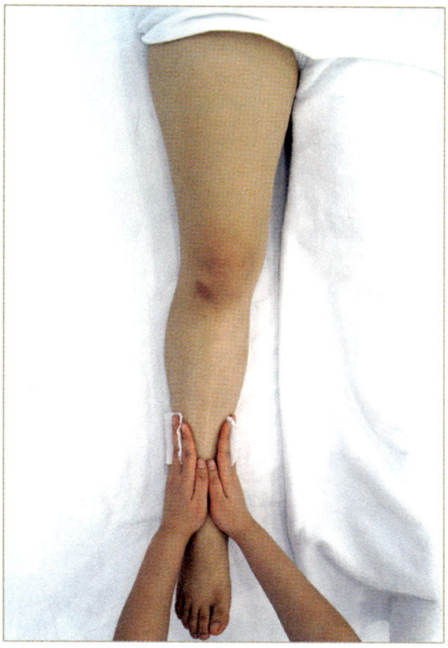

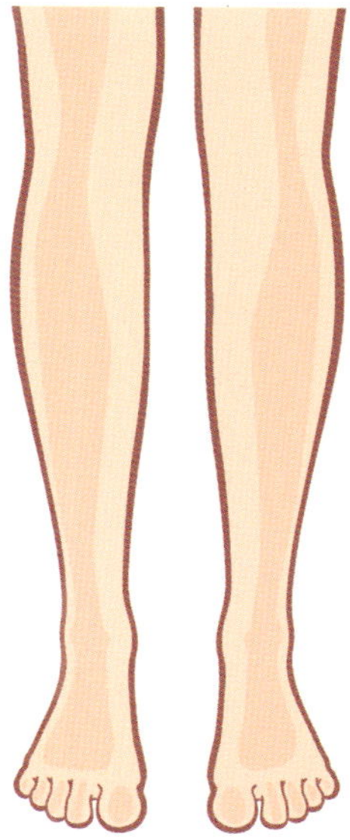

Chapter 12
제모

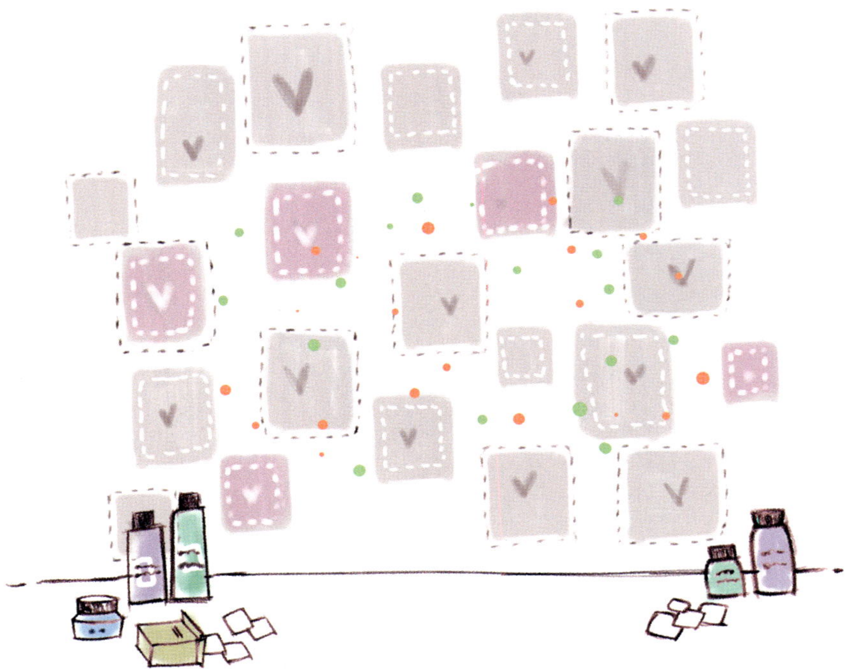

제모란 불필요한 신체의 털을 영구적 혹은 일시적으로 제거하는 것을 의미한다. 신체의 불필요한 부위에 털이 성장해 있다면 미용상 또는 미관상 저해 요소로 작용할 것이다.

얼굴에 솜털이 너무 많아 메이크업이 깨끗하게 정돈되지 않을 경우, 다리에 털이 과해서 다리를 노출시킬 수 없는 경우처럼 불필요한 일정 부위의 털을 제거한다면 정신적·미용적으로 건강하고 아름다운 모습을 지닐 수 있을 것이다.

1. 제모의 종류

facetreatment

1) 영구적인 제모(epilation)

레이저 광선의 빛 에너지가 털의 검은 멜라닌 색소에 흡수되어 열 에너지로 전환되면서 털의 뿌리를 파괴하는 영구적인 방법이다. 피부속의 모낭세포만을 선택적으로 파괴하기 때문에 피부에 손상 없이 털을 제거할 수 있으나 피부 타입에 따라 색소침착이나 착색이 생기는 경우가 있어 주의하여야 한다.

2) 일시적 제모(depilation)

피부 표면으로 나와 있는 체모의 모간 또는 모근까지만 제거하는 방법으로 털이 다시 성장하게 되어 일정한 간격으로 항상 제모를 실시해야 하는 번거로움이 있다.

(1) 면도기를 이용한 제모

짧은 시간 내 가장 손쉽게 할 수 있는 방법으로 통증과 부작용이 없는 장점이 있으나 모간만을 제거하기 때문에 다시 털이 자라고 다시 자라나는 털은 더 굵은 털로 자라 나온다.

(2) 족집게를 이용한 제모

눈썹 부위의 형태를 수정할 때 적절하게 이용할 수 있는 방법이다. 털끝까지 제거되는 방법으로 털이 다시 성장하기까지는 4주 가량의 시간이 걸린다. 그러나 족집게를 이용하여 눈두덩이의 눈썹을 자주 제모할 경우 피부가 늘어나 처지는 단점이 있다.

(3) 화학적 제모

연고, 파우더, 크림, 액체, 반창고 형태 등이 있으나 튜브용 제모 크림이나 무기 황화물(아황산염)로 털을 연화시킨다. 대부분 글리세롤과 같이 수소를 함유하고 있으며, 티오글릭콜릭산의 염류를 포함하고 있다. 화학적 작용에 의해 피부에 염증을 일으킬 수 있으므로 사용 전에 반드시 피부첩포시험(patch test)을 하여 부작용이 생기지 않으면 사용한다.

(4) 왁스(wax)를 이용한 제모

신체의 광범위한 부위를 짧은 시간 내에 효과적으로 제거할 수 있는 방법이다. 왁스 시술 후 피부 표면이 일시적으로 따갑기 때문에 다소 불편함이 있지만 넓은 면적의 털을 일시에 제거할 수 있는 장점이 있다.

온왁스(hot wax)는 비교적 넓은 부위를 짧은 시간 내에 제거할 수 있는 방법이다. 전체 털을 제거할 수 있는데 약 4~5주 정도 유지된다. 왁스를 이용해 제모를 시술하면 그 후 성장되는 털의 굵기는 더 가늘게 생성된다.

모반이나 사마귀에 나 있는 털과 정맥 위의 털은 제거하지 말아야 한다. 약 50℃ 정도의 따뜻한 왁스를 바르면 모공이 열리고 이어 왁스가 응고되어 결과적으로 모가 제거되는 것이다. 이런 종류의 왁스가 웜 왁스(warm wax)이다. 온왁스는 모와의 부착력을 더 증가시켜 짧고 굵은 강모를 잘 제거되도록 해준다.

냉왁스(cold wax)는 상온에서 액체 상태로 되어 있어 데우지 않고 바로 사용할 수 있다. 왁스를 데우는 번거로움은 없지만 굵거나 거센 체모는 온왁스에 비해 잘 제거되지 않으므로 온왁스를 사용하는 것이 좋다. 사용방법은 온왁스와 거의 동일하다.

2. 제모 금기사항

facetreatment

1) 당뇨병
2) 모세혈관 확장이나 정맥류가 있는 부위
3) 일광으로 화상을 입었거나 붉게 달아오른 피부
4) 사마귀, 점 부위의 털
5) 상처, 피부질환이 있거나 최근의 멍, 흉터 부위
6) 제모 직전 사우나 또는 장시간 목욕 금지
7) 제모 직후 심한 비누 세안이나 목욕 삼가

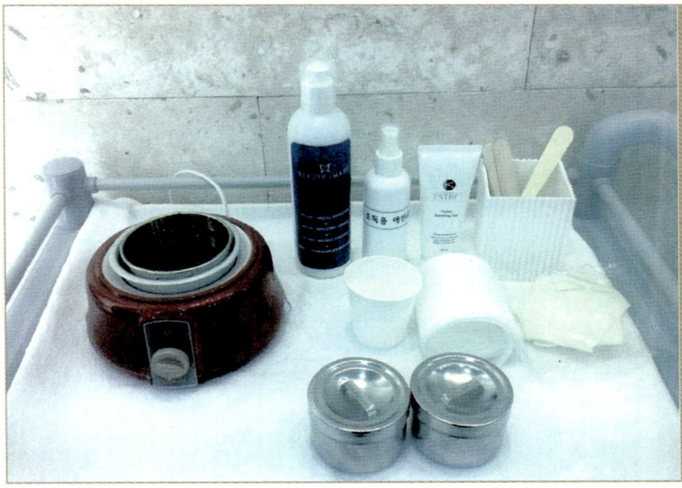

제모 준비

3. 왁스를 이용한 제모 방법

facetreatment

1) 장갑 착용 후 손소독 한다.

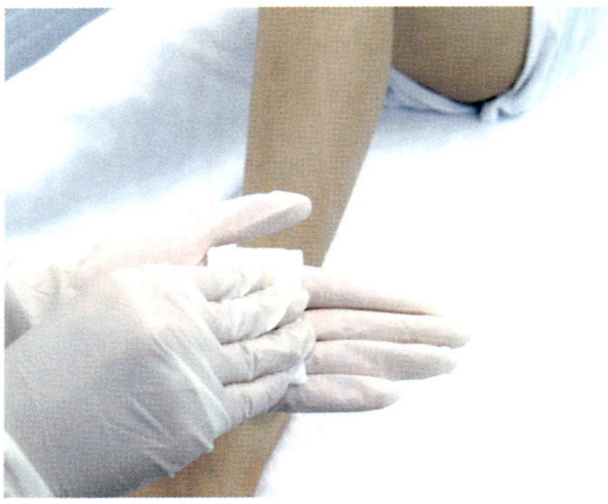

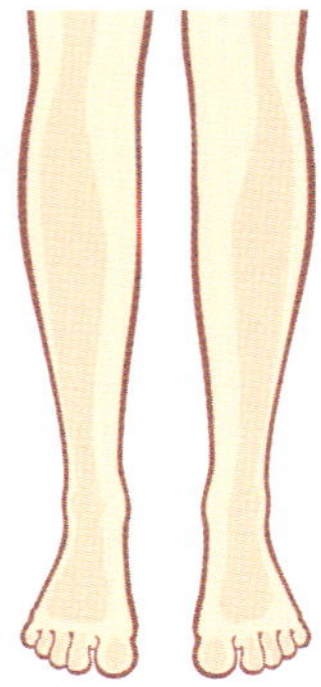

2) 제모 할 부위에 알콜 등으로 피지막을 제거한다.

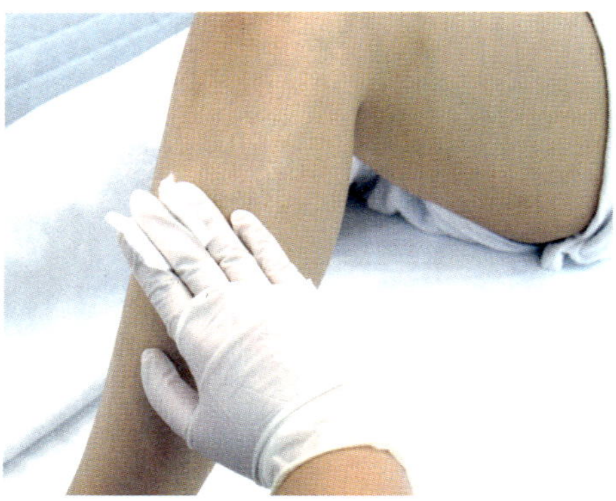

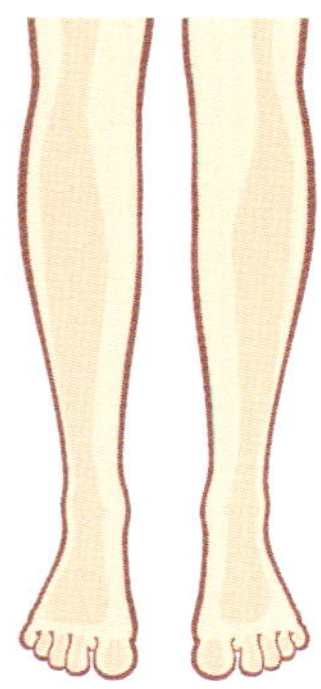

3) 제모 할 부위에 탈크 파우더를 발라 왁스의 접촉성을 높인다.

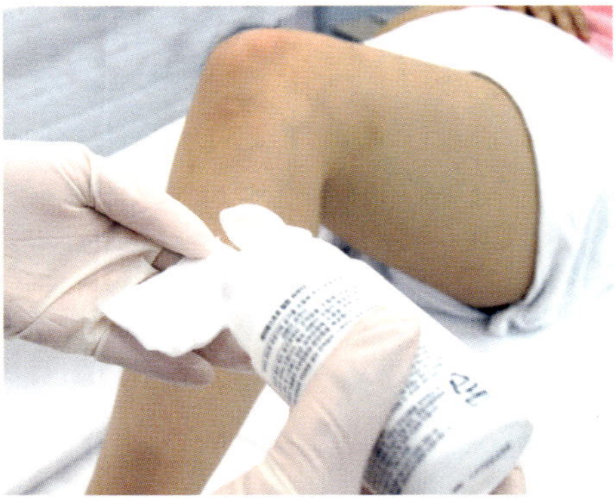

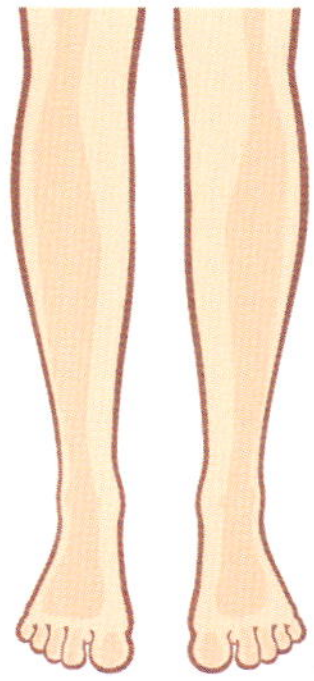

4) 종이컵에 왁스를 덜어 온다.

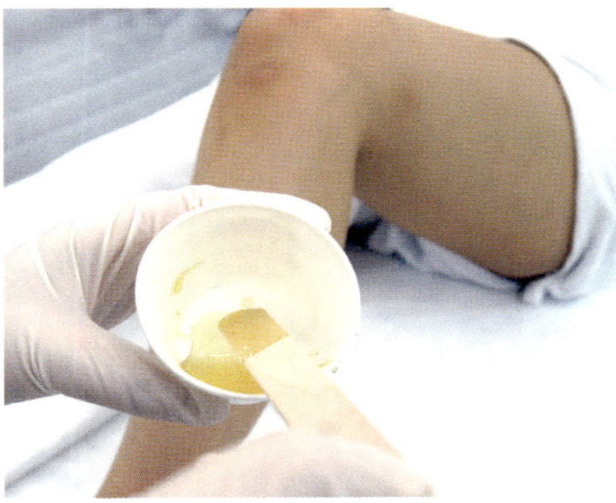

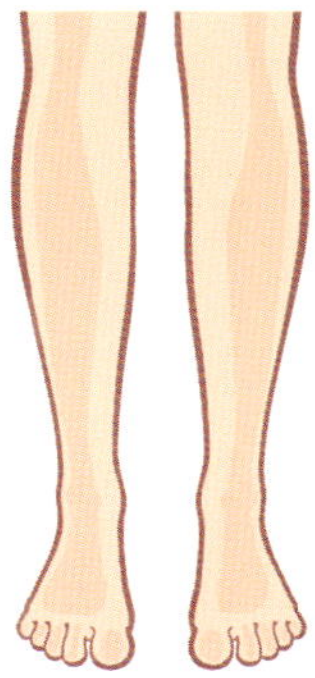

5) 왁스를 바르기 전에 손목 안쪽에 온도를 체크한다.

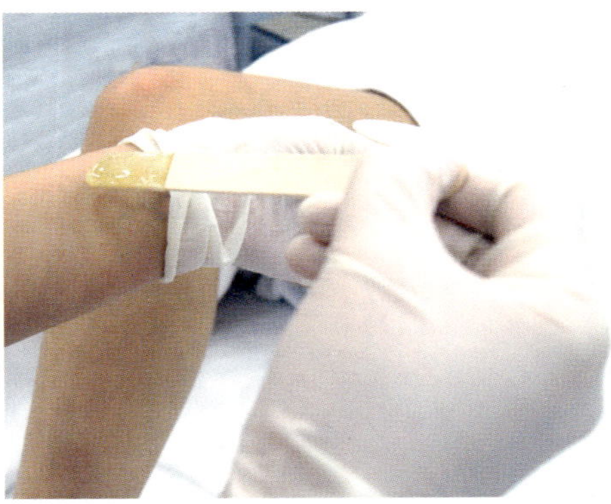

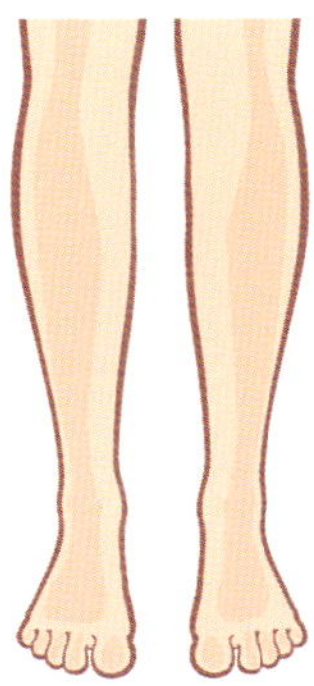

6) 털이 자라는 방향으로 왁스를 바른다.

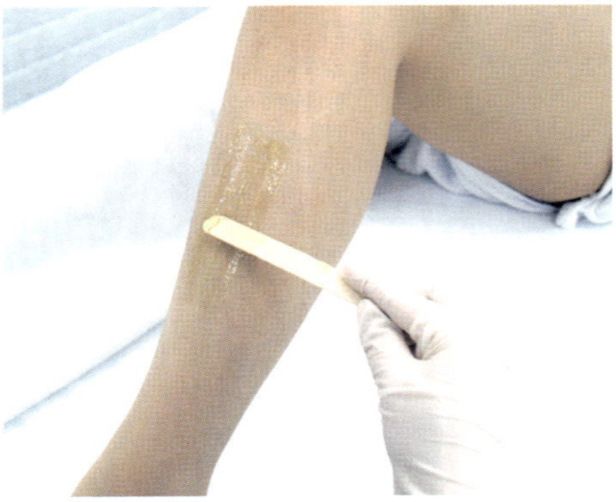
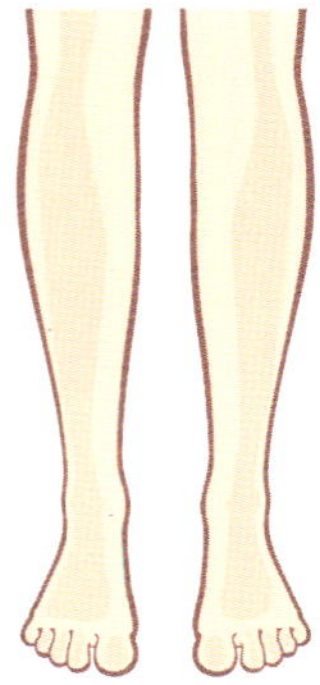

7) 부직포를 왁스 위에 대고 털이 나는 방향으로 문지른다.

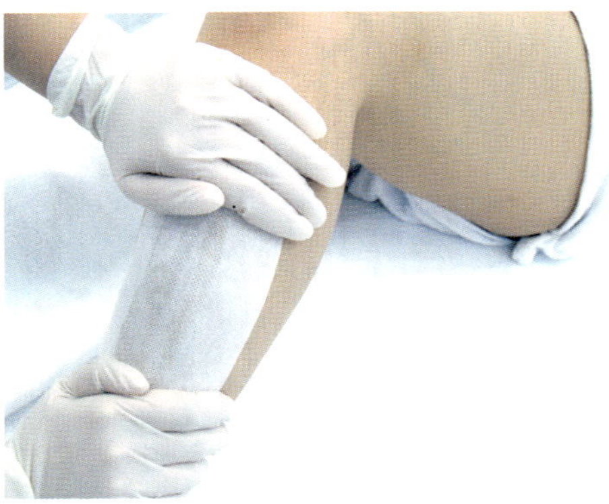
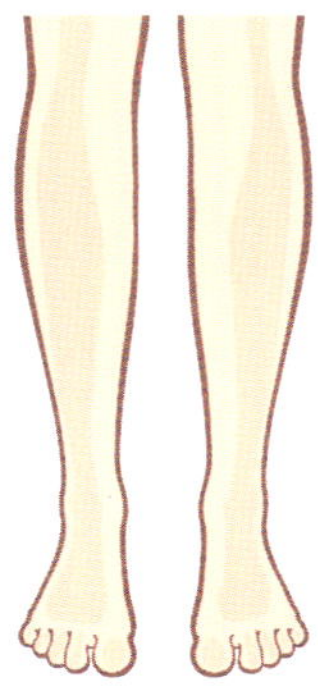

8) 털이 나는 반대 방향으로 재빨리 떼어준다.

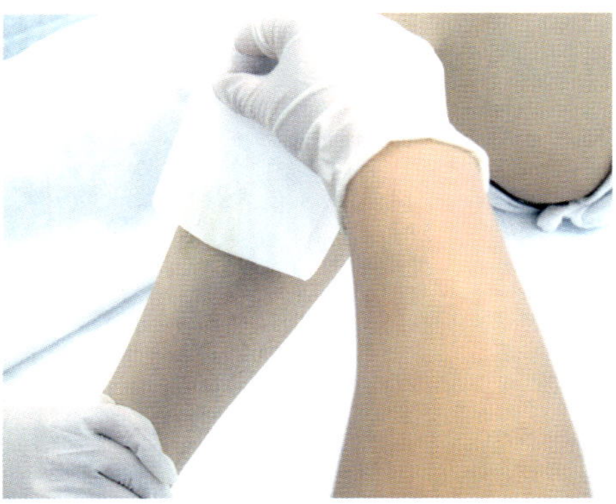
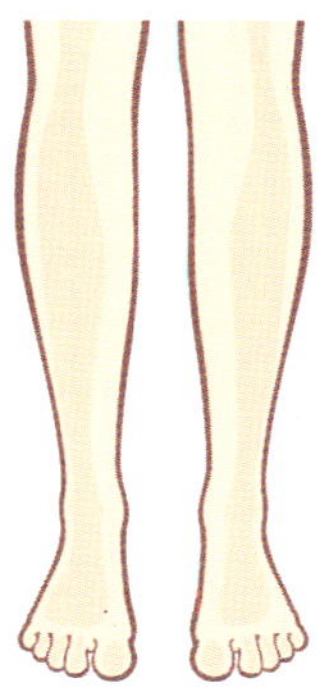

9) 왁싱이 잘 되었는지 확인 후 잔여털은 족집게로 뽑아준다.

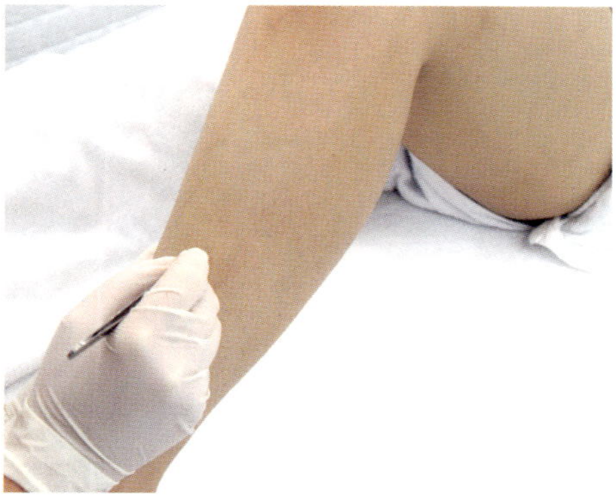

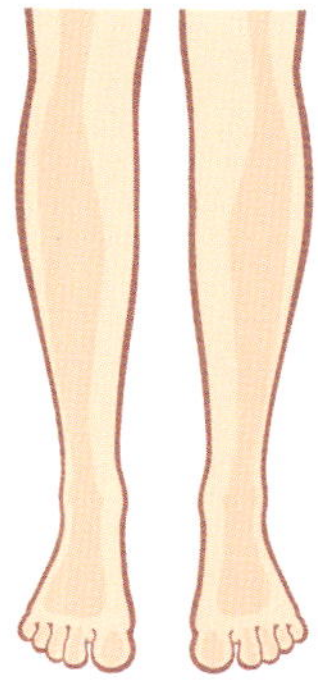

10) 제모 후 진정로션을 발라주고 마무리한다.

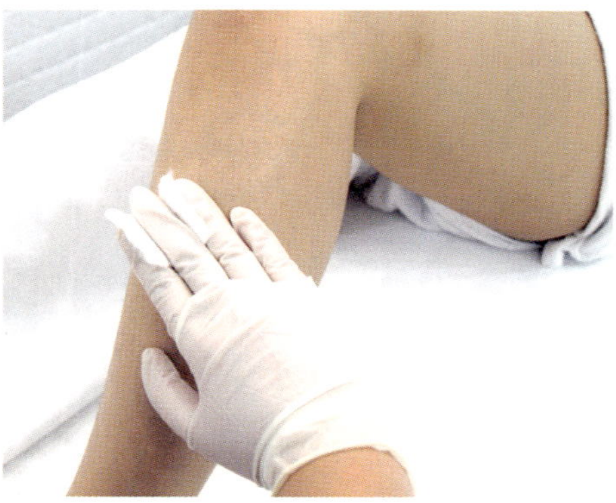

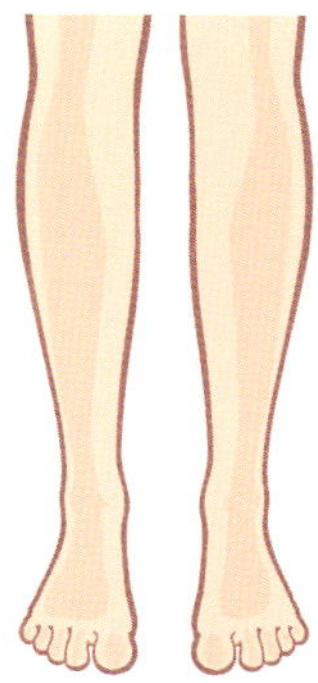

Chapter 13
림프드레나쥐

1. 림프(lymph)의 정의

facetreatment

모세혈관 벽을 통해 혈장과 조직액은 끊임없이 교류가 이루어진다. 혈장은 모세혈관 벽을 통하여 들어가고 혈관 밖으로 나온 혈장이 조직으로 들어가 조직액이 되는데 이 림프관 속을 흐르는 연한 액체를 림프라고 한다. 림프는 독소들을 림프절로 운반하는 일을 하며 소화된 지방을 소장에서 흡수하는 일을 한다. 림프절은 림프액을 받아들이고 정화 시켜 내보내는 역할을 하며 염증으로 생성된 물질이나 독소들을 걸러내고 분해·제거한다.

림프는 세포성분으로써 림프구를 함유하고 있어 면역반응에도 관여한다. 림프구는 초기 태아기 때 적색 골수에서 생성되는 백혈구이며 림프구가 모여 있는 부위를 림프조직(lymphoid tissue)이라 부른다. 림프조직은 림프절(lymmphatic), 편도(tonsil), 비장(spleen), 흉선(thymus gland)을 말한다.

2. 림프의 기능

facetreatment

1) 체내 수분의 균형 유지를 한다.
2) 혈액으로부터 유출된 액체를 되돌리는 기능을 한다.
3) 림프절을 비롯한 림프기관들의 림프구 생산에 의한 신체방어 작용에 관여한다.
4) 장에서 흡수한 지방성분들의 운반 통로이다.

3. 림프드레나쥐의 효과

facetreatment

1) 림프액의 순환을 촉진시킨다.
2) 림프 세포의 생성을 증가시키고 신체의 대사를 개선시킨다.
3) 체내의 독소와 노폐물을 배설시킨다.
4) 신체 내부의 물질과 기관을 정상화시킨다.
5) 조직을 재생시키고 면역기능을 강화시킨다.

4. 림프드레나쥐 적용 피부

facetreatment

1) 물리적 자극을 피해야 할 민감한 피부
2) 알러지 피부
3) 여드름이 잘 생기는 피부
4) 부종

5) 수술 후의 상처 회복
6) 셀룰라이트
7) 홍반,염증성 피부질환
8) 피부 재생관리
9) 임산부 부종,임신선 예방관리
10) 눈물주머니 늘어짐 또는 부종

5. 림프드레나쥐 금기사항

facetreatment

1) 악성, 만성, 습관적인 염증
2) 갑상선 기능 항진증
3) 혈전증 또는 동맥경화증
4) 심장병, 심부전증
5) 세균과 바이러스 감염에 의한 통증과 부종
6) 임신중(3개월 미만)또는 생리기간
7) 독감, 천식, 결핵

6. 림프드레나쥐 기본 동작

facetreatment

1) 고정원 그리기(stationary circles)

손가락 또는 손 전체를 이용해서 피부에 원을 그리는 동작으로 한 부위를 여러 번 반복하여 실시하고 림프액이 흐르는 방향으로 림프절이 모여 있는 곳에 행하며 그 외에 목과 얼굴에 적용을 한다. 림프 배출 방향으로 압력을 부드럽게 하고 속도는 천천히 일정한 주기로 시행한다.

2) 펌프 기법(pump technique)

손바닥의 전면이 피부에 완전히 닿도록 손을 컵 모양으로 만들어 피부를 신장시키고 이완시키면서 림프액이 흐르는 방향으로 적용한다. 손가락 끝으로 피부를 잡지 않도록 주의하며 손바닥 전체에 압력이 골고루 분포하게 하여 피부를 신장하도록 한다. 주로 팔이나 다리 등에 적용한다.

3) 퍼올리기 기법(scoop technique)

손으로 나선형의 움직임을 만들어 피부를 신장시키고 손을 바닥 쪽으로 구부리고 최대한 안쪽으로 돌린다. 주로 팔이나 다리 등에 적용한다.

4) 회전기법(rotary technique)

손바닥을 편 상태에서 피부를 팽팽하게 당기면서 엄지를 림프액이 흐르는 방향으로 원형의 동작을 만들어 림프순환방향으로 압력을 주면서 순환운동을 한다. 주로 흉곽, 등, 둔부, 복부에 적용된다.

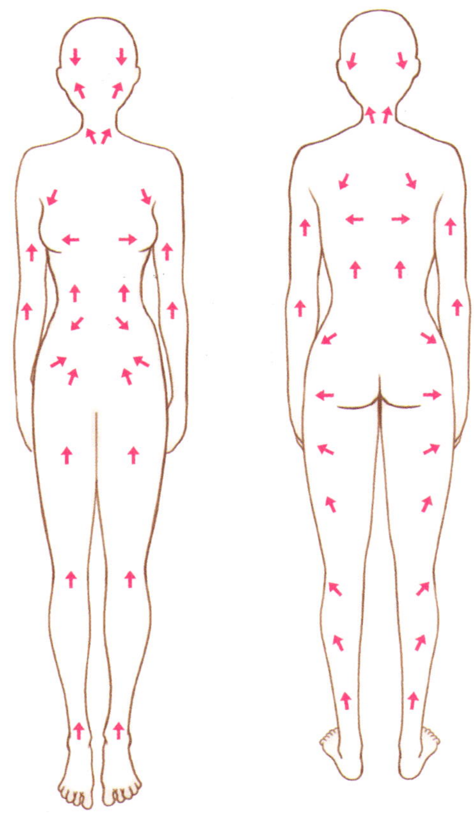

그림 13-1 림프의 흐름 방향

7. 안면 림프드레나쥐 테크닉

facetreatment

1) 손소독 후 가볍게 오일 2-3방울을 떨어뜨린다.(아로마 오일 없어도 무방함)

2) 흉골에서 겨드랑이(액와림프절)까지 엄지로 5번 쓰다듬는다.

3) Profundus-Middle-Terminus 정지상태 원동작 5회씩 3회

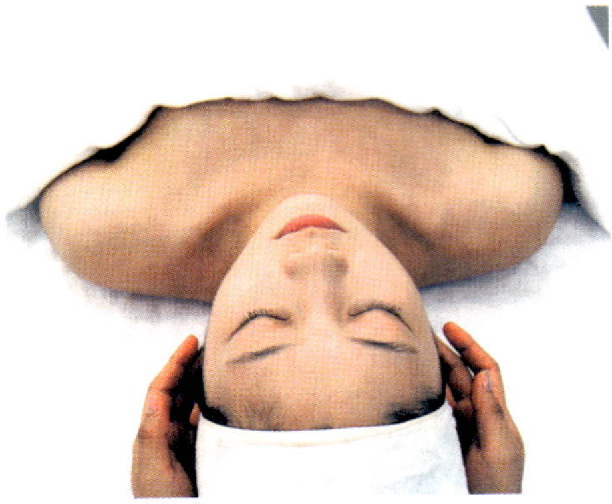

4) 턱 중앙에서 하악각까지 정지상태 원동작, P-M-T 5회씩 3회

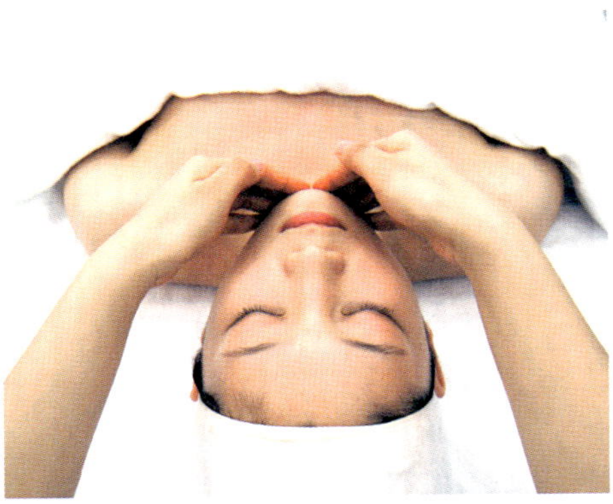

5) 귀의 앞과 뒤를 2, 3번째 손가락으로 정지상태 원동작, P-M-T 5회씩 3회

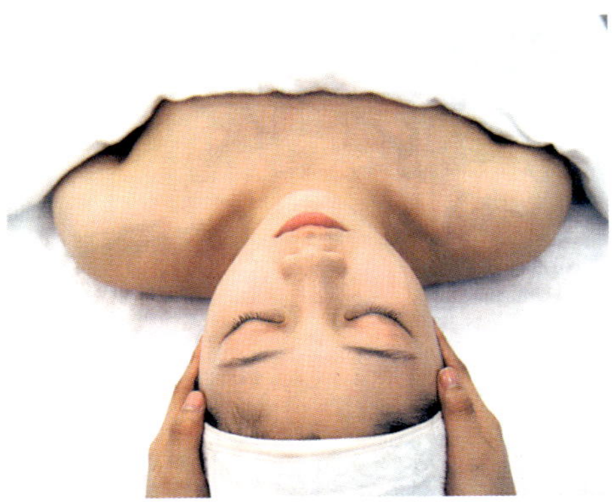

6) 흉골에서 겨드랑이(액와림프절)까지 엄지로 5번 쓰다듬는다.

7) 입술 아랫부분, 입술 윗 부분, 뺨, 이마 쓰다듬기

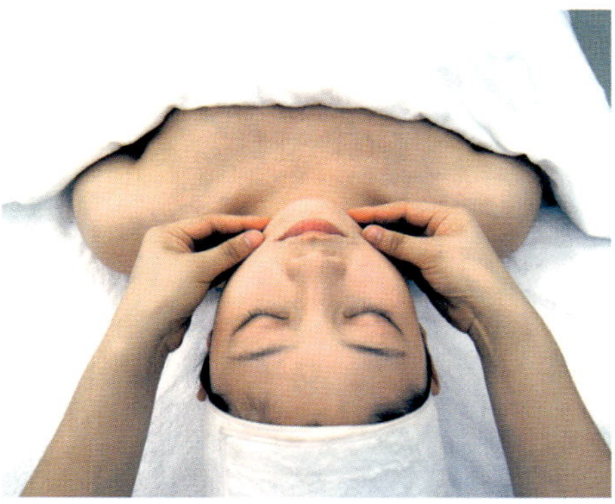

8) 턱 부위에서 앙글루스까지 정지상태 원동작

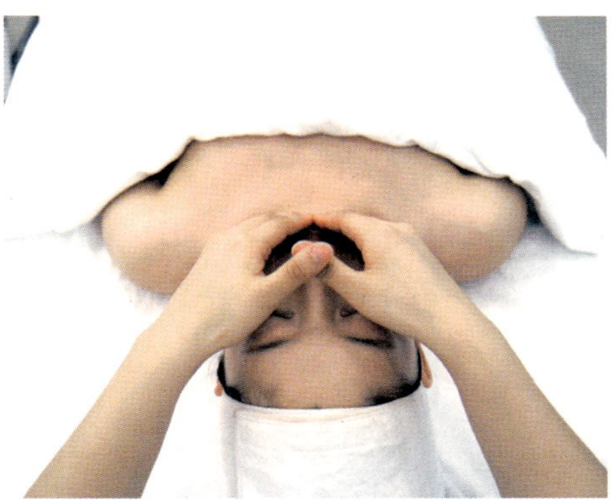

9) 윗 입술에서 앙글루스까지 정지상태 원동작 후 Profundus-Middle-Terminus 정지상태 원동작

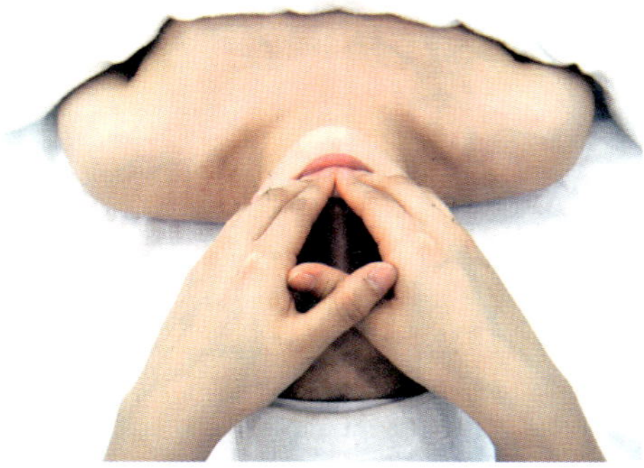

10) 코부위 정지상태 원동작

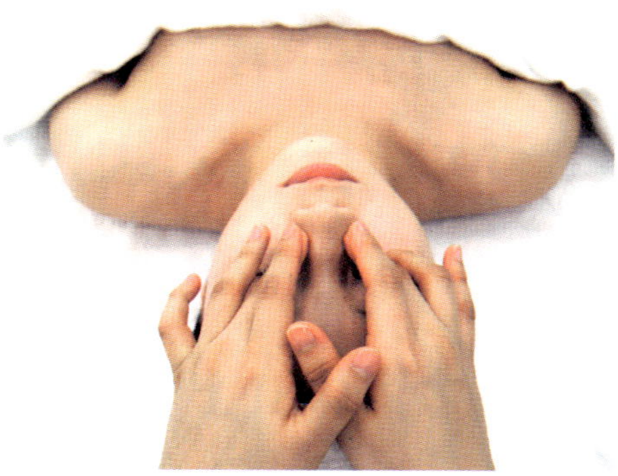

11) 볼, 입술끝, 턱중앙을 2, 3, 4번째 손가락으로 정지상태 원동작

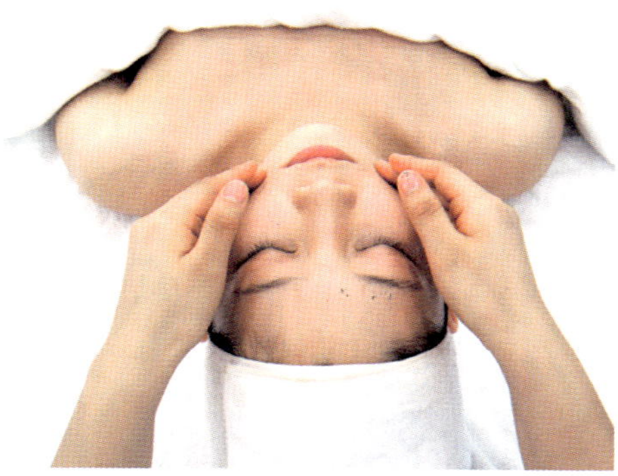

12) 아래턱 중앙에서 하악각까지 정지상태 원동작

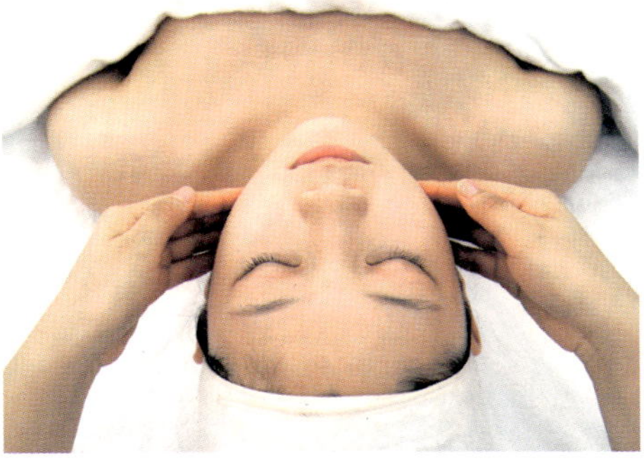

13) 눈 아래 세부위를 중지로 정지상태 원동작

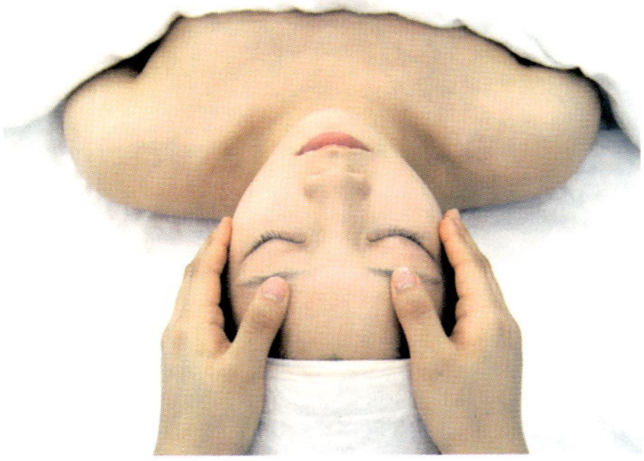

14) 검지로 눈썹머리를 쓸어올리고 가볍게 눈썹을 집어주기

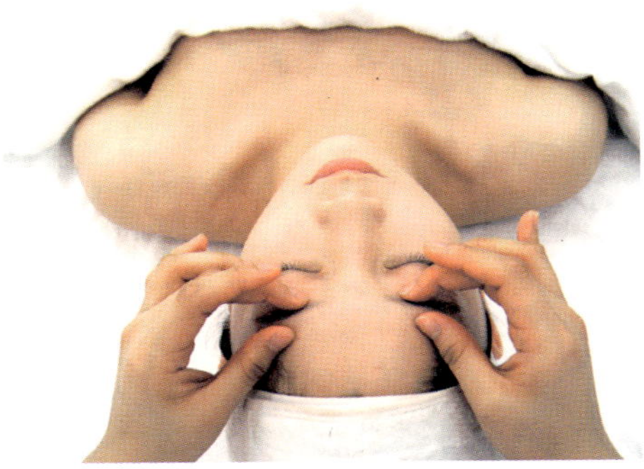

15) 엄지로 양미간을 쓸어올리고 엄지로 90도 세워 손바닥이 Temporalis가볍게 누른 후 떼어내기

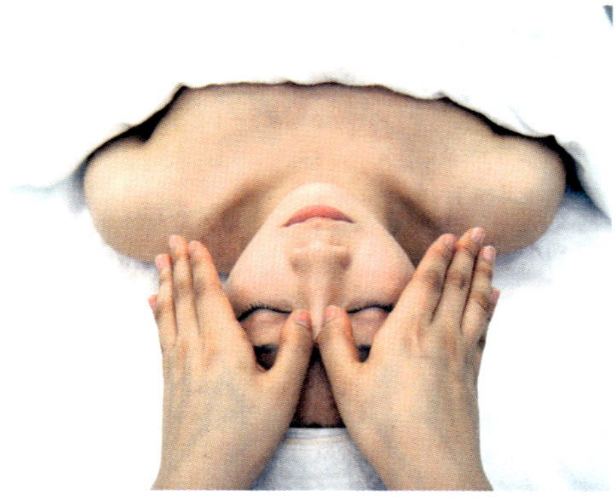

16) 2,3,4,5번째 손가락으로 눈썹부위 정지상태 원동작

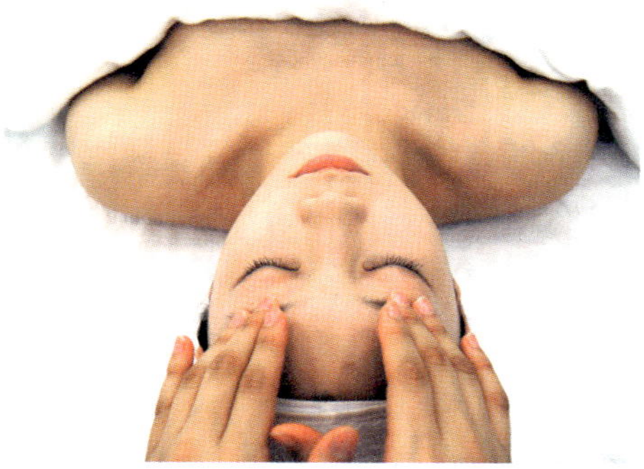

17) 2,3,4,5번째 손가락으로 이마부위 정지상태 원동작

18) Temporalis-Parotis-Angulus 정지상태 원동작

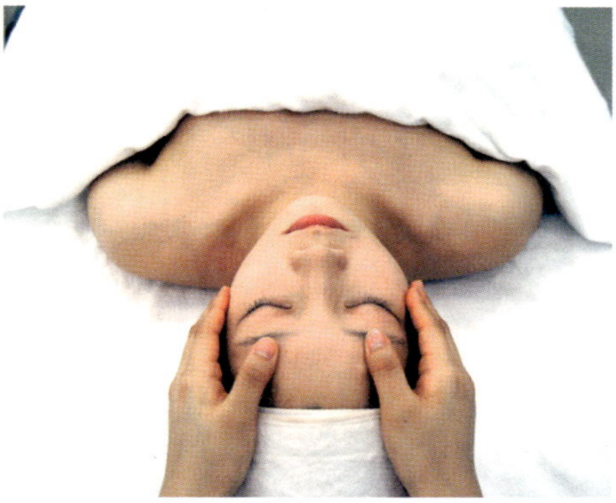

19) Profundus-Middle-Terminus 정지상태 원동작

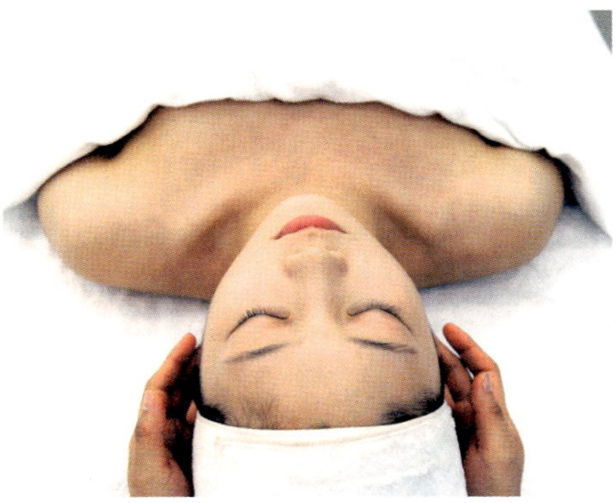

20) 얼굴 쓰다듬고 마무리

포인트 클렌징 순서

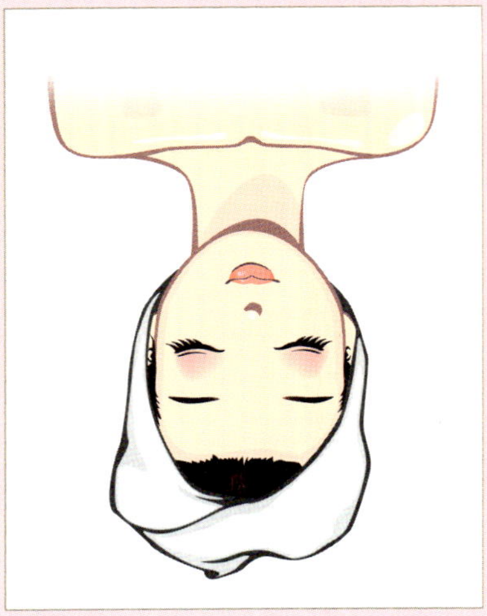
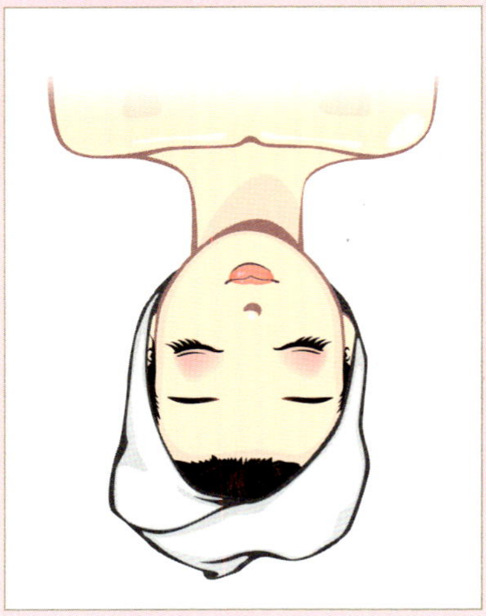

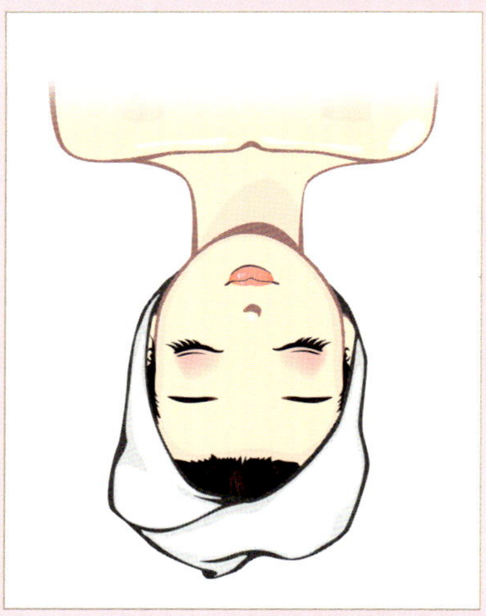

페이스 클렌징 순서

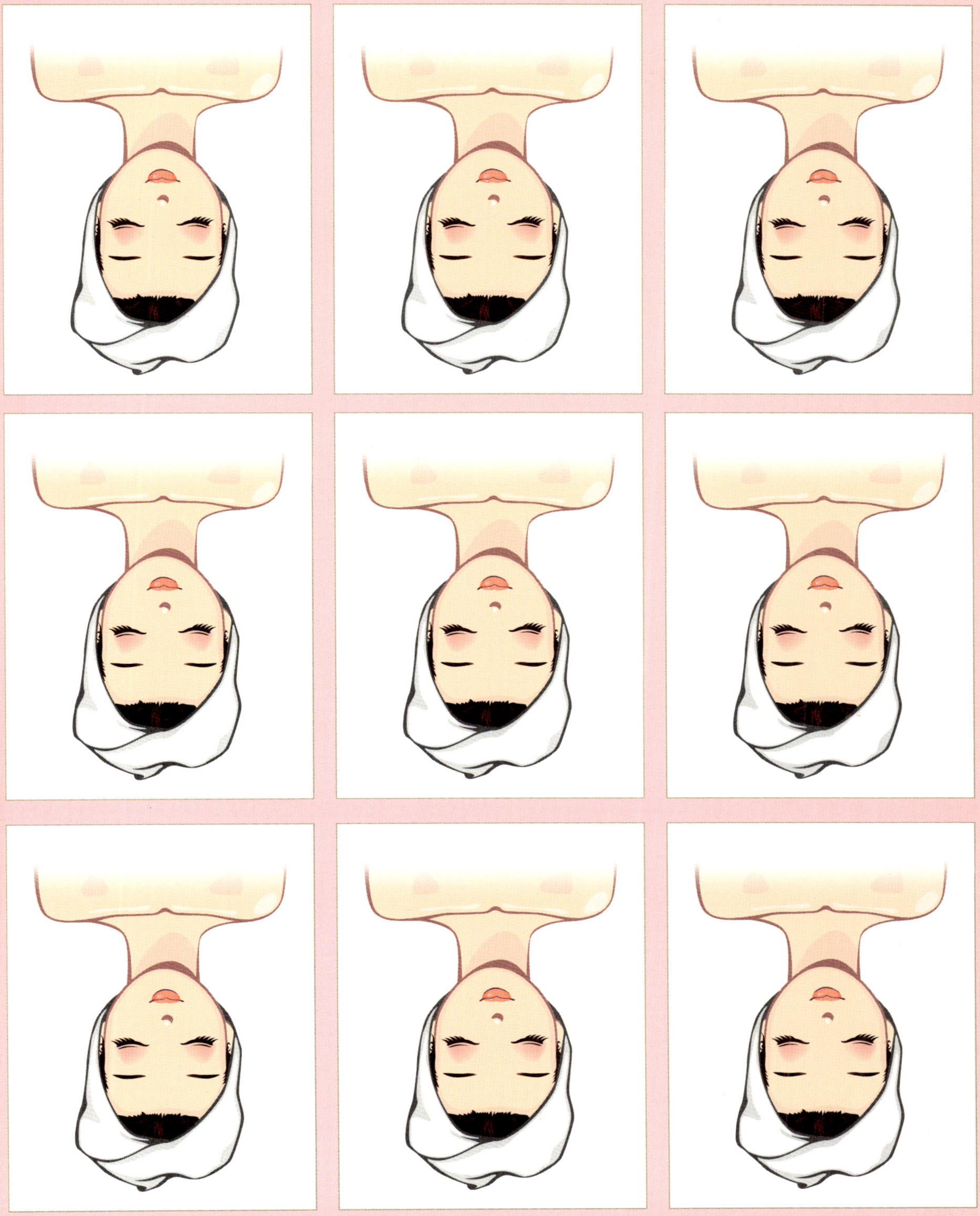

눈썹 정리 순서

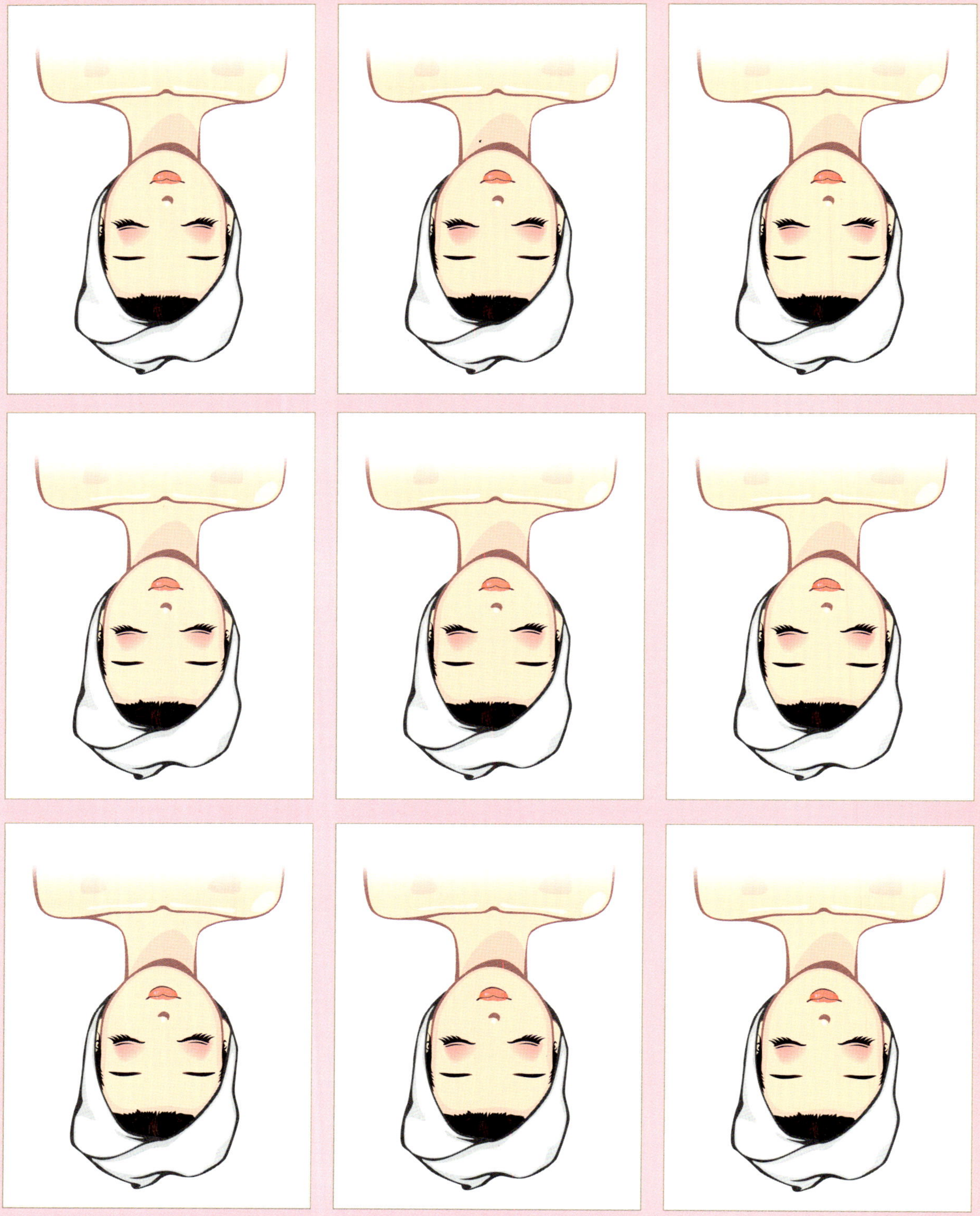

딥 클렌징 순서

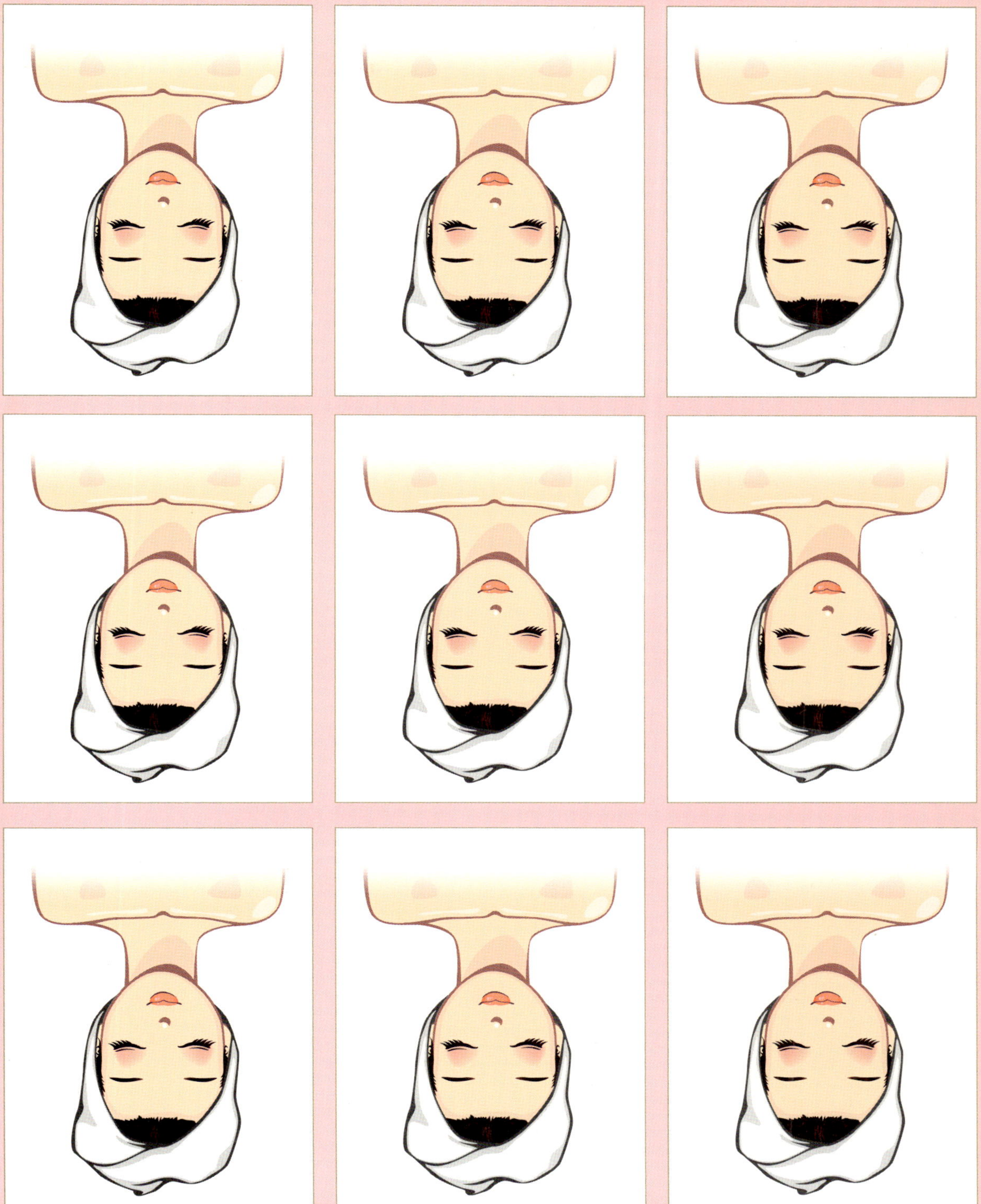

딥 클렌징 순서

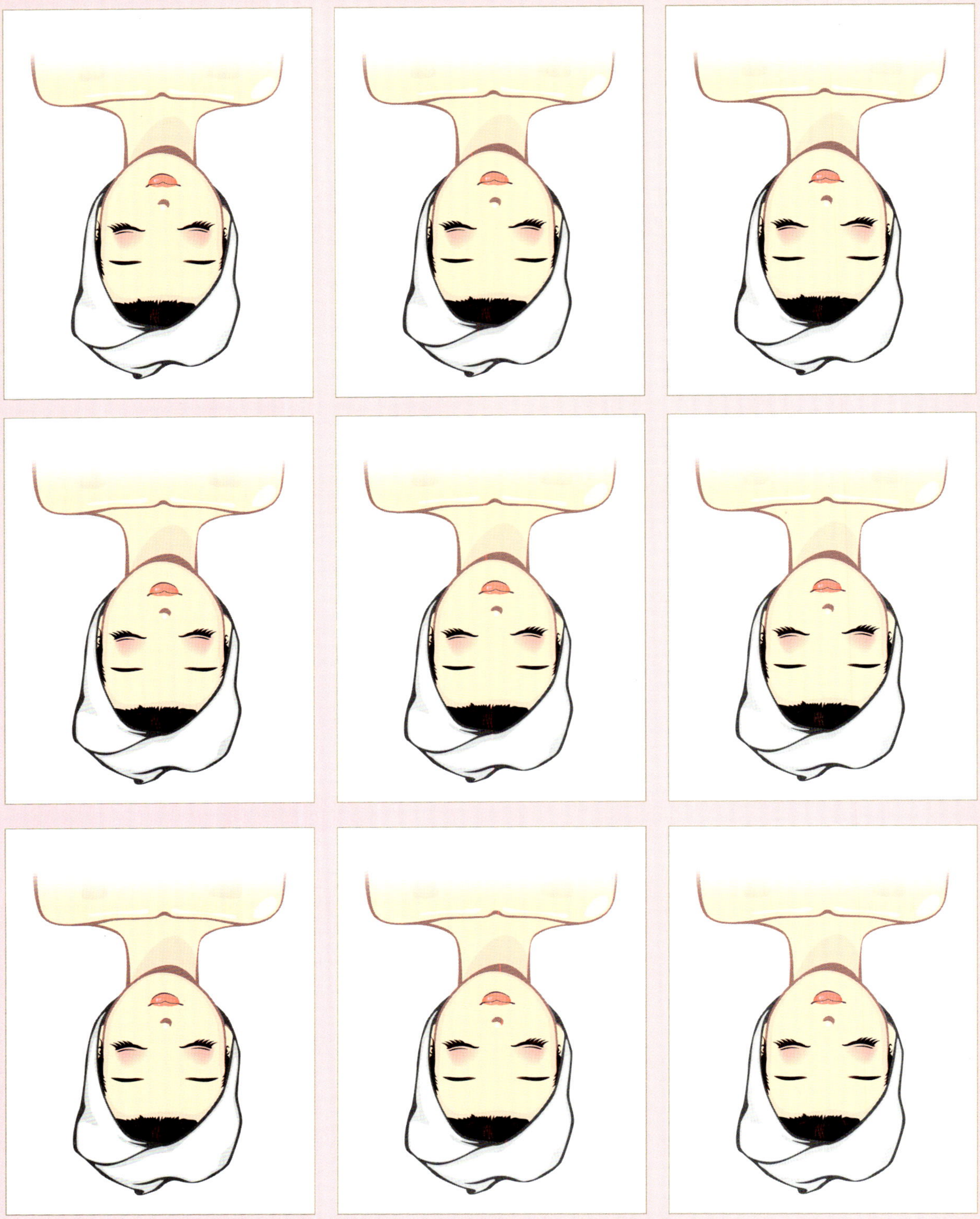

딥 클렌징 순서

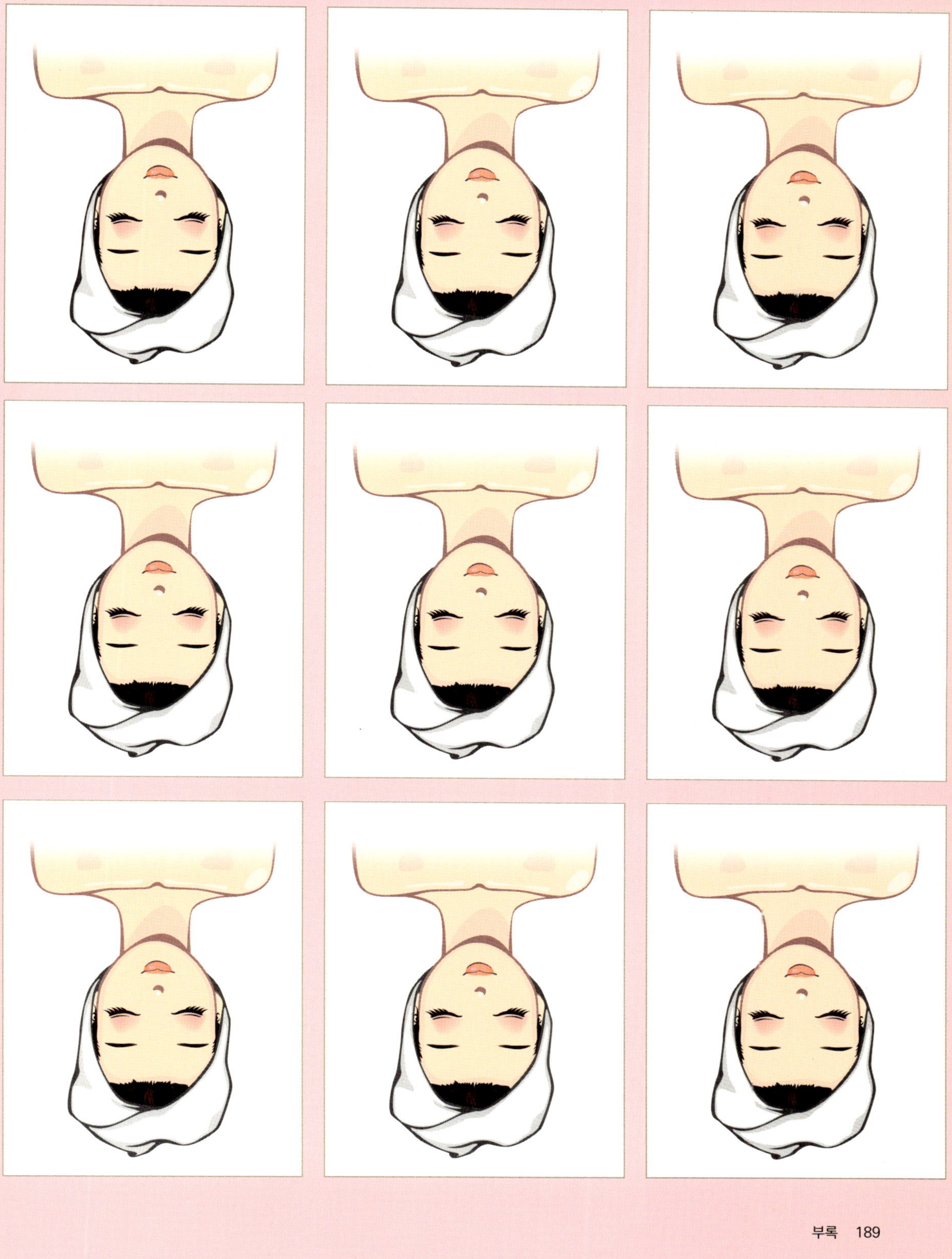

딥 클렌징 순서

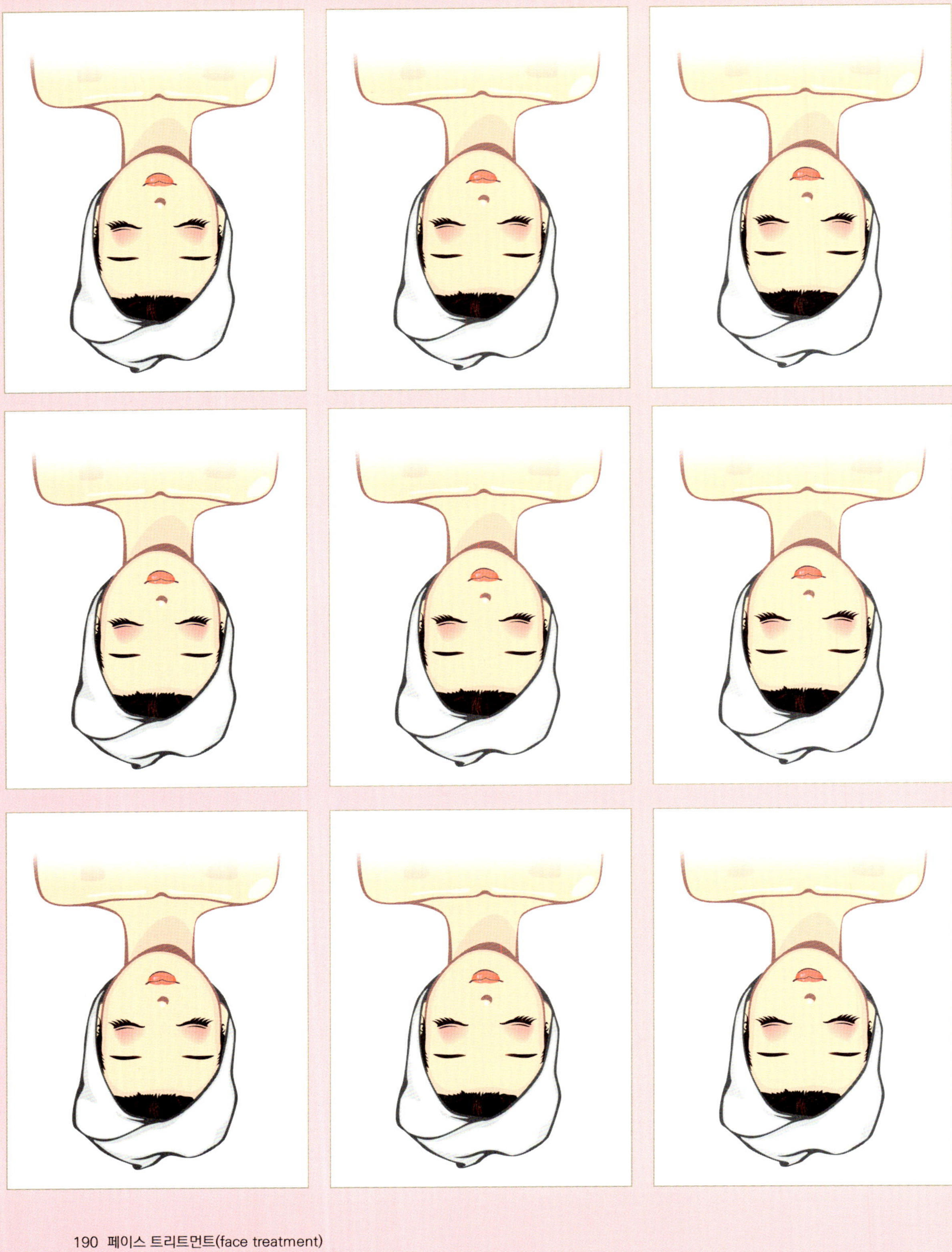

페이스 메뉴얼 테크닉 순서

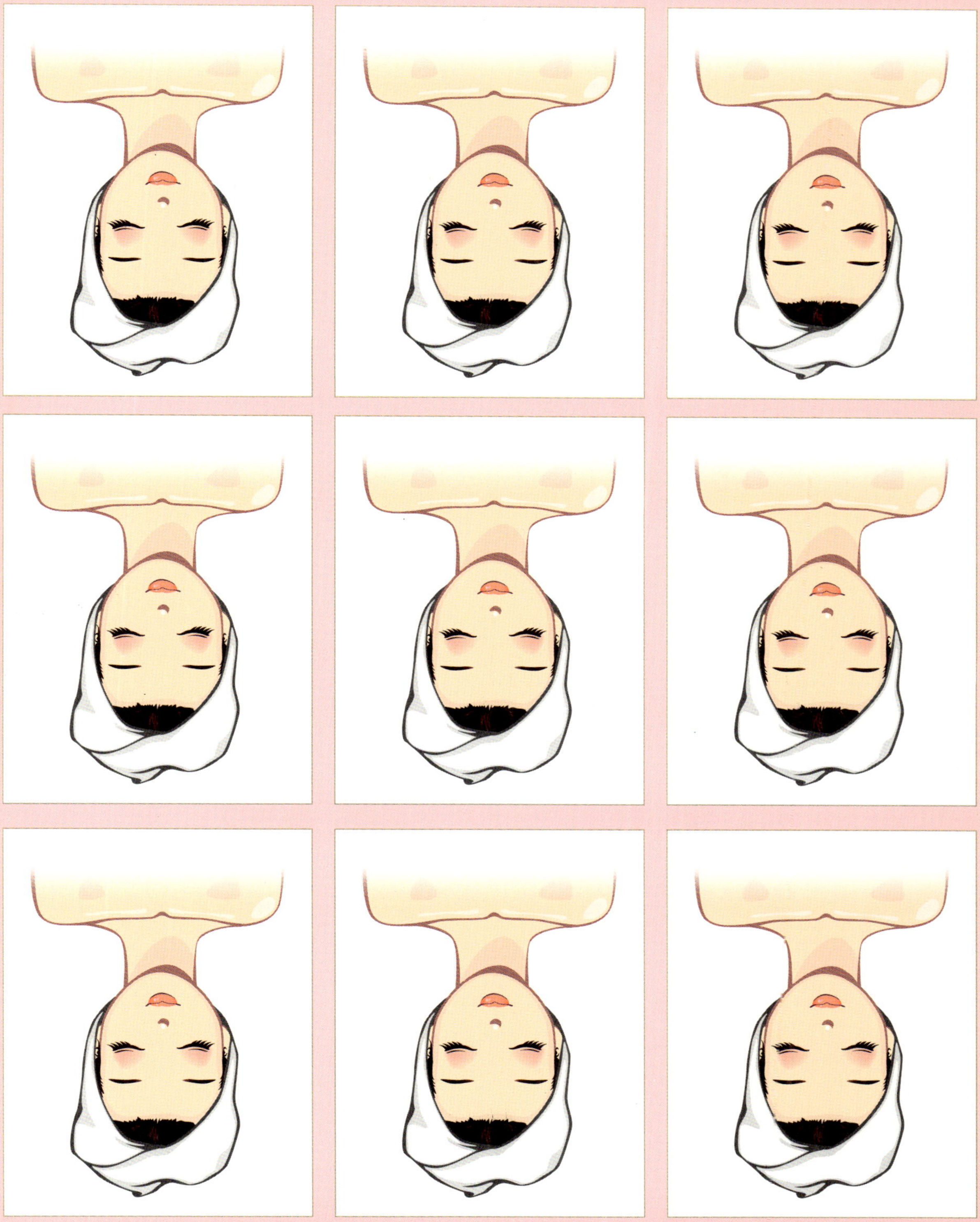

페이스 메뉴얼 테크닉 순서

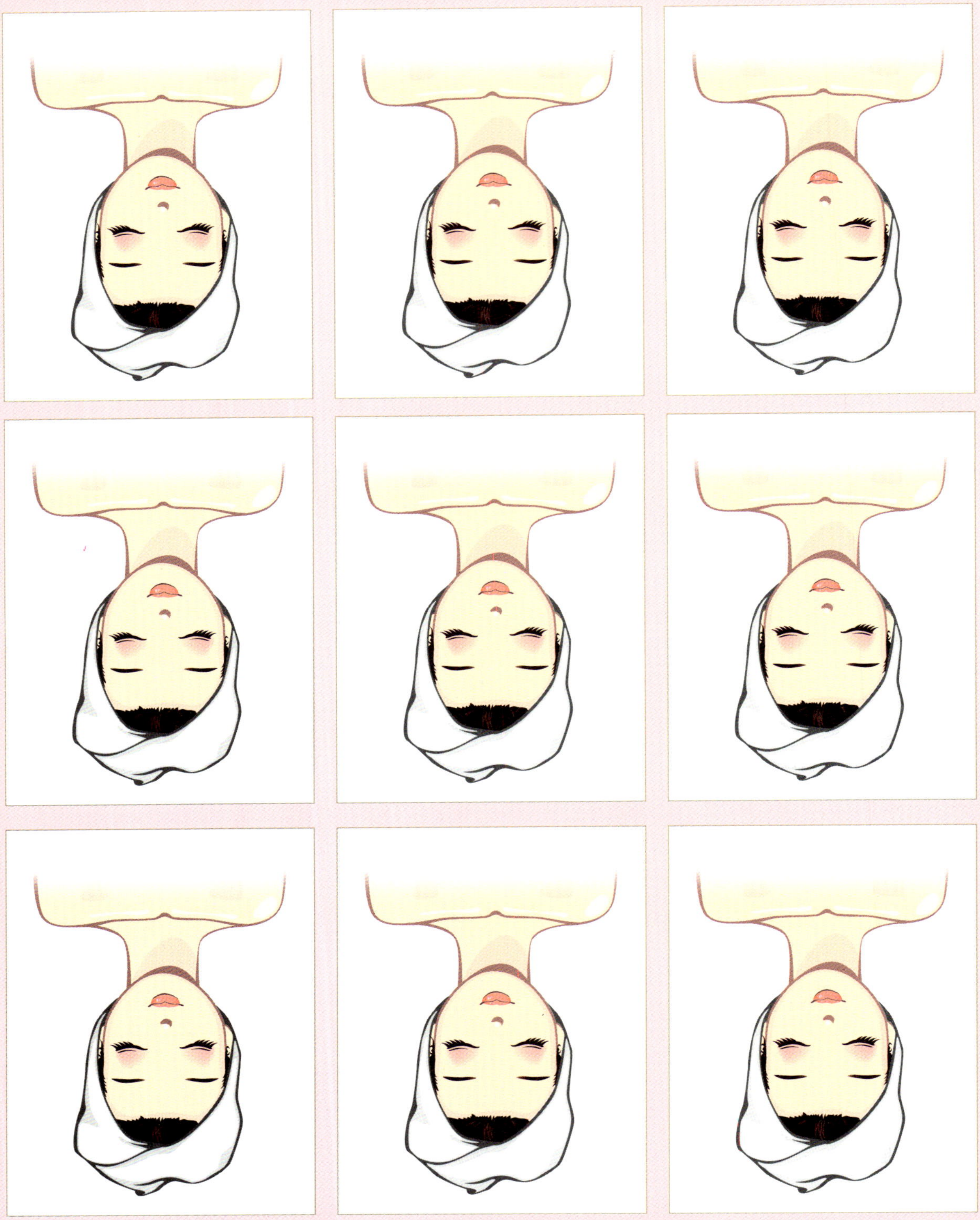

페이스 메뉴얼 테크닉 순서

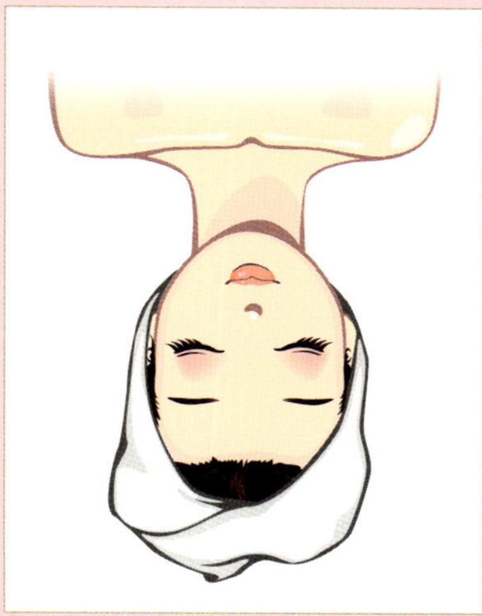
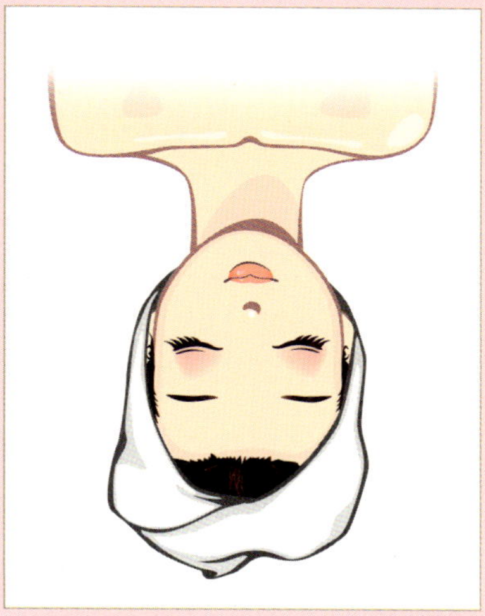
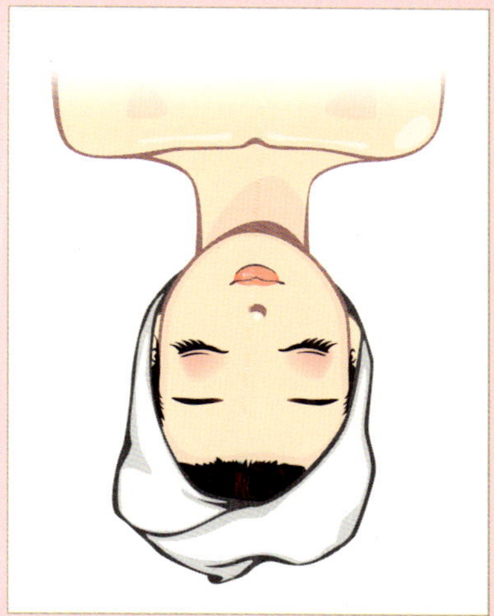
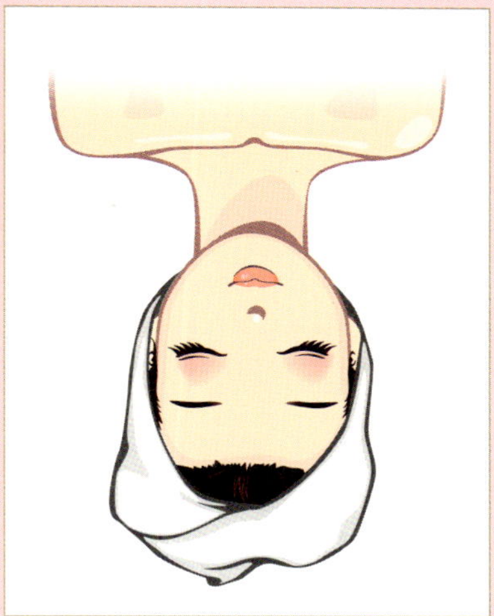
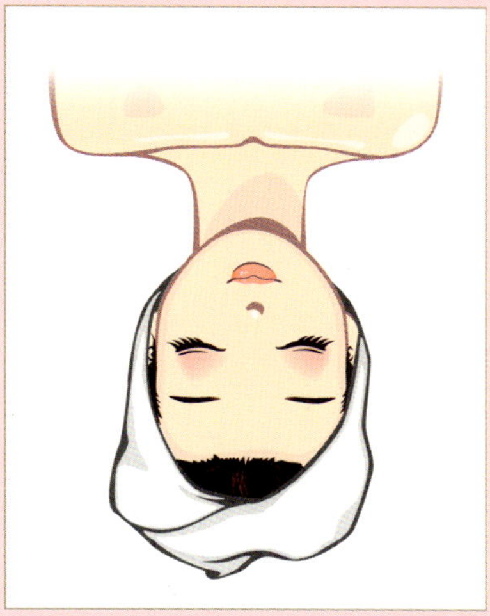
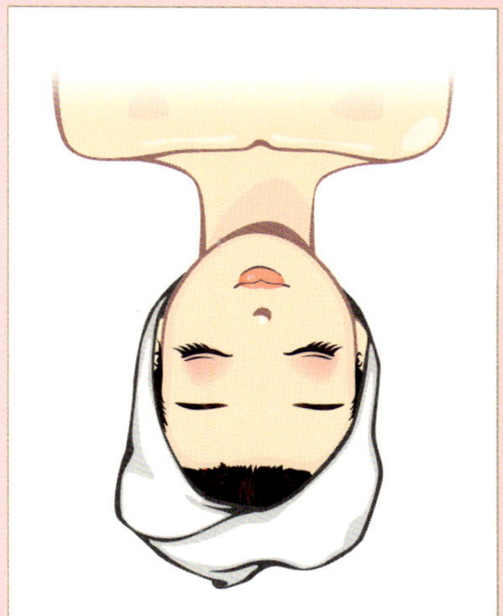
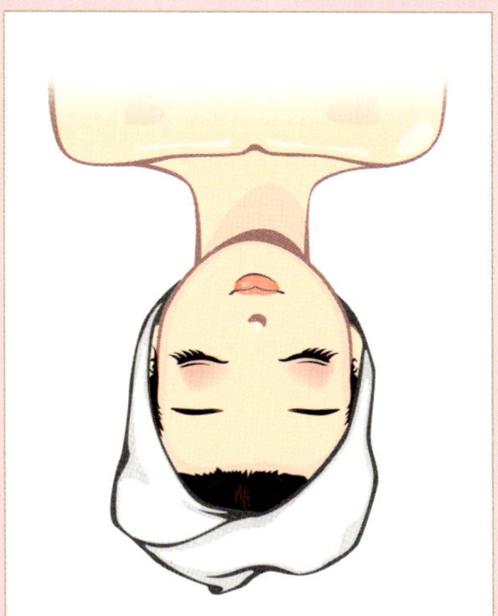
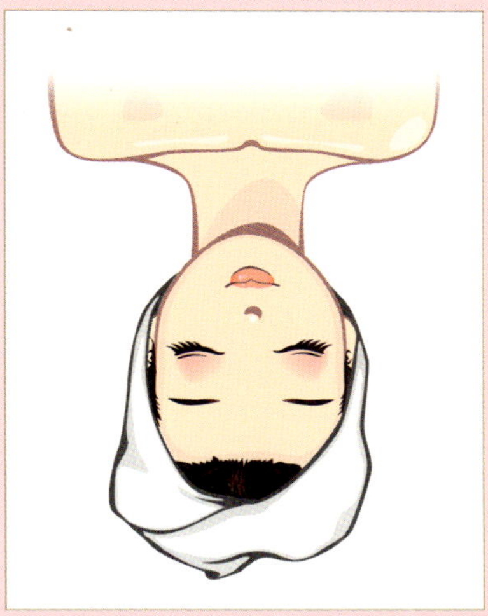
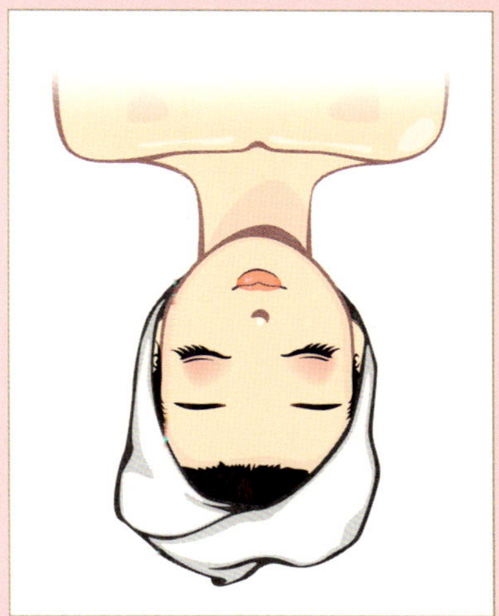

페이스 메뉴얼 테크닉 순서

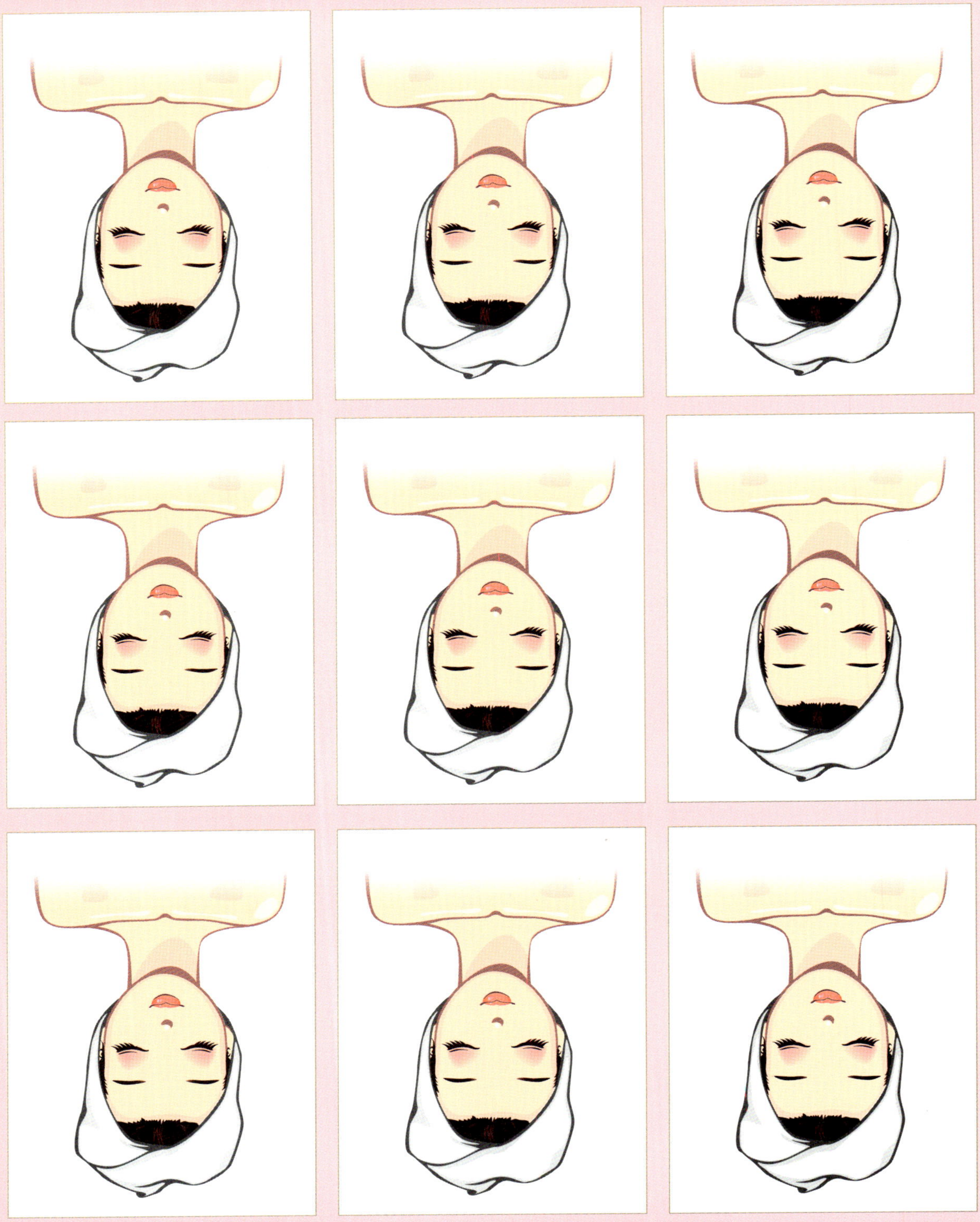

팩과 마스크 순서

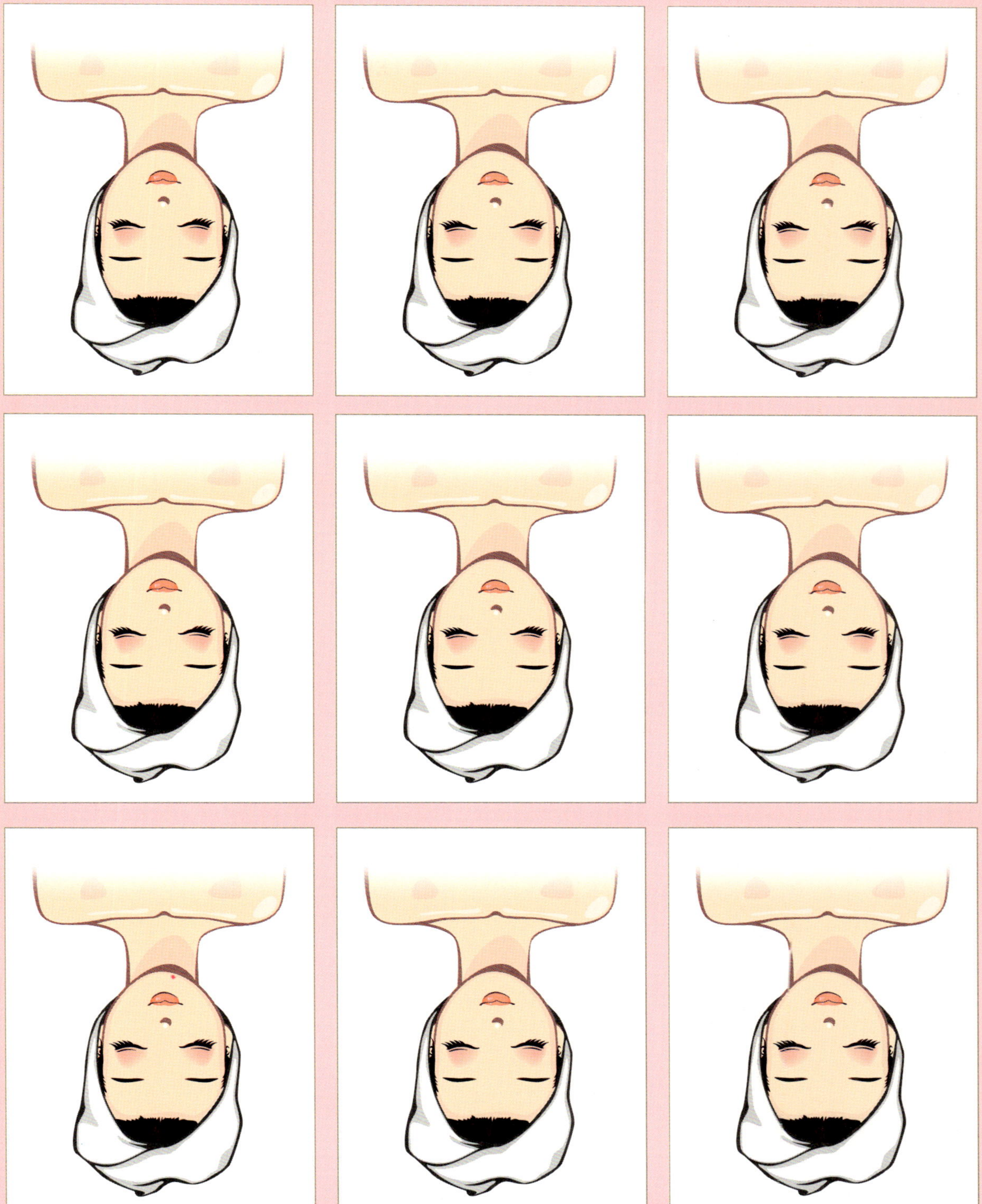

팩과 마스크 순서

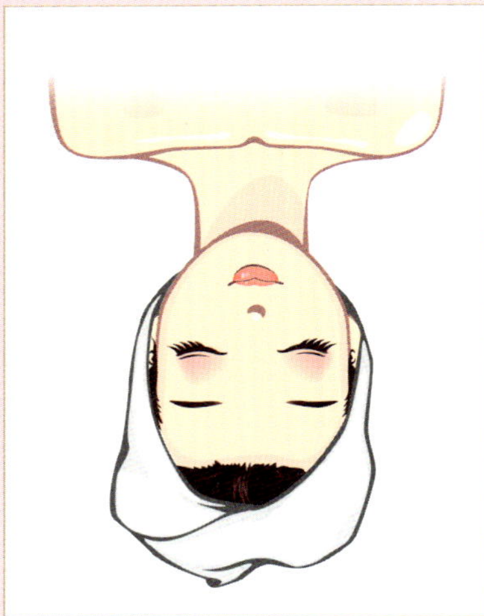
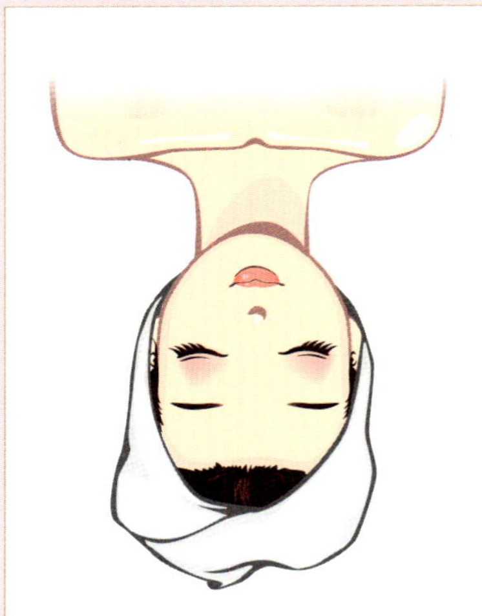
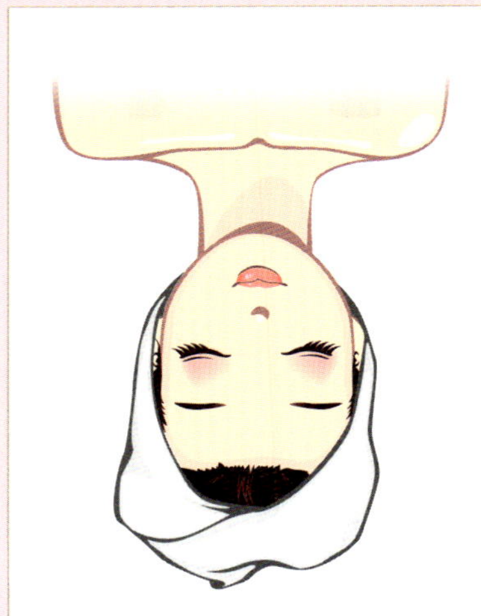
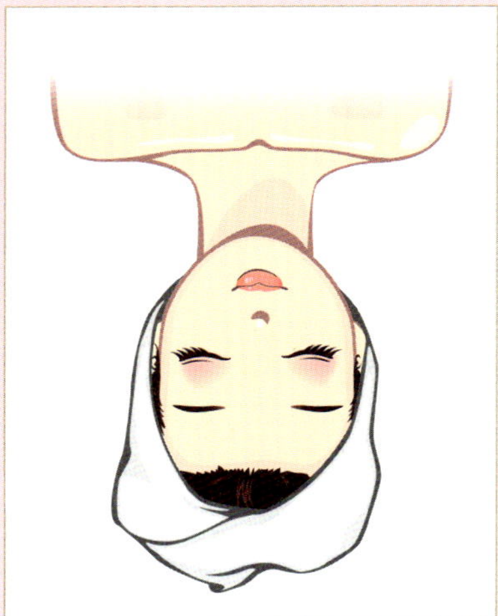
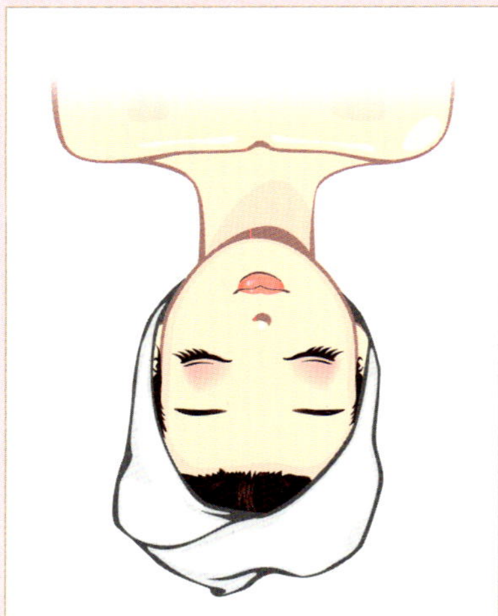
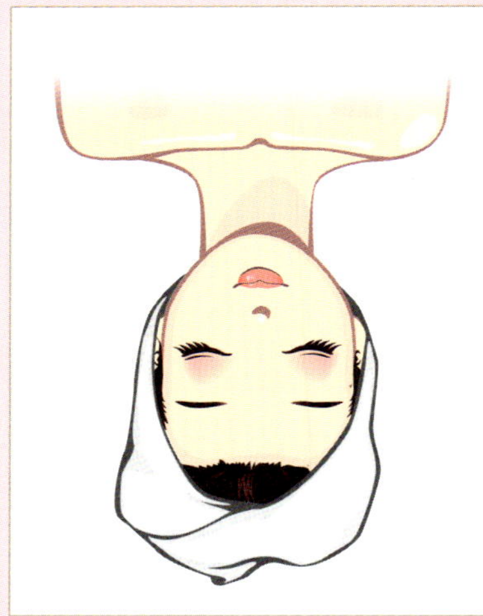
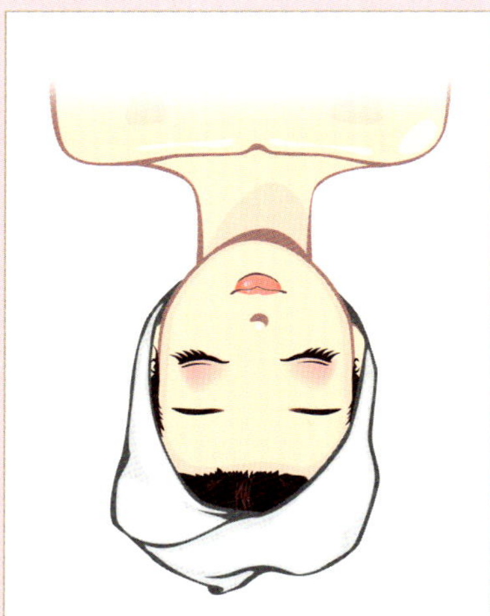
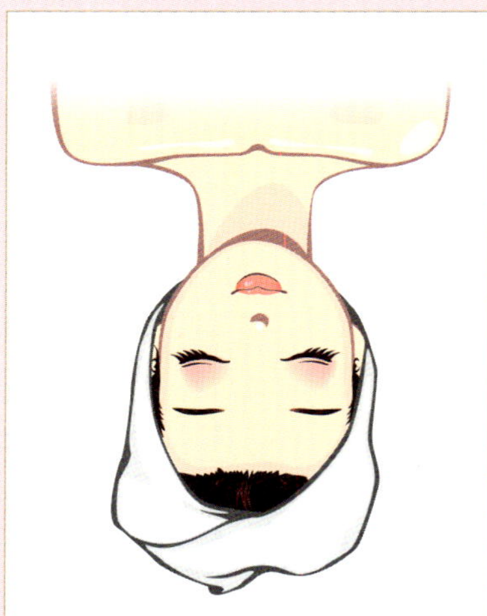
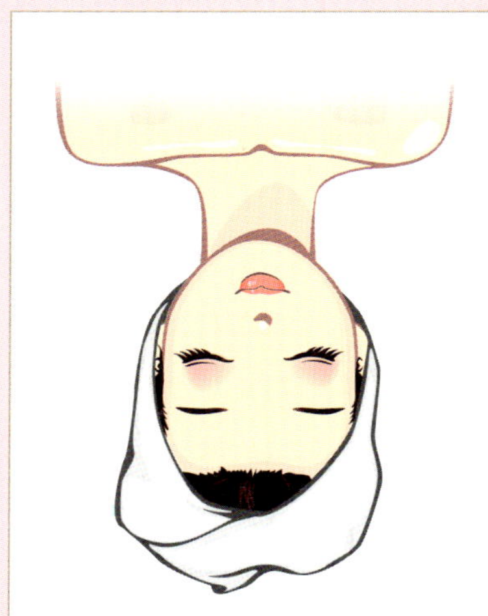

팩과 마스크 순서

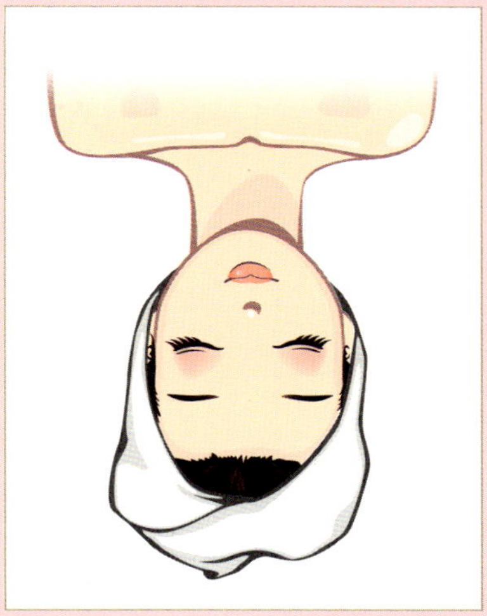
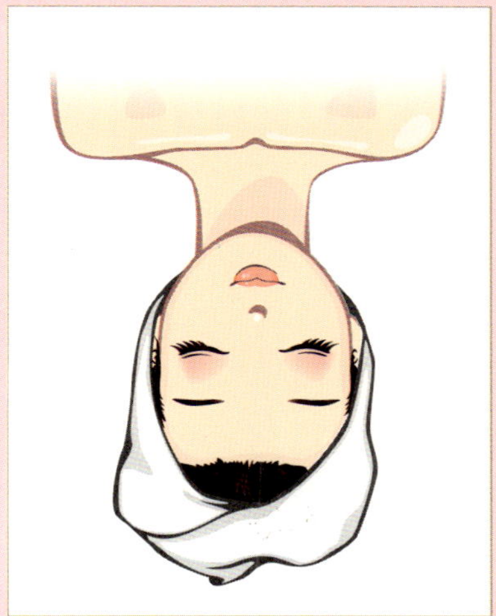
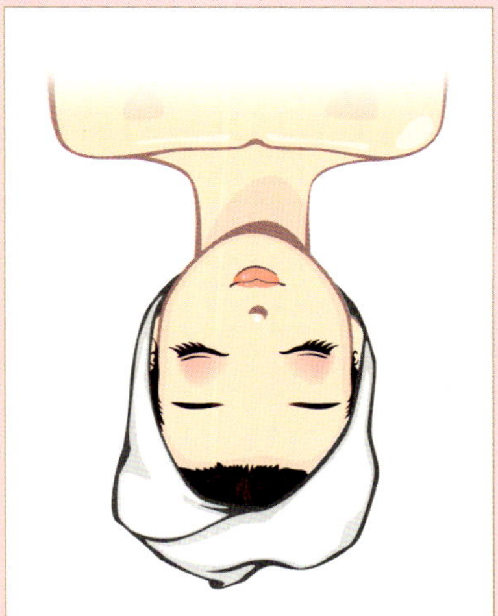
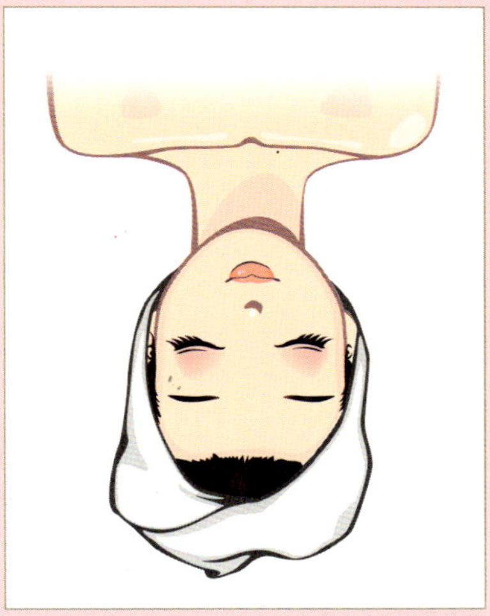
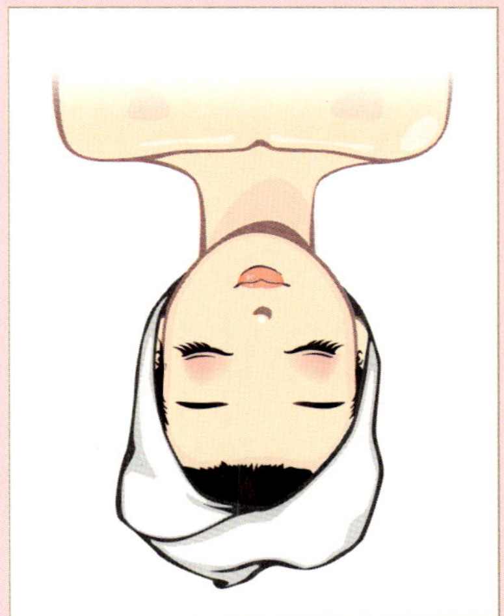
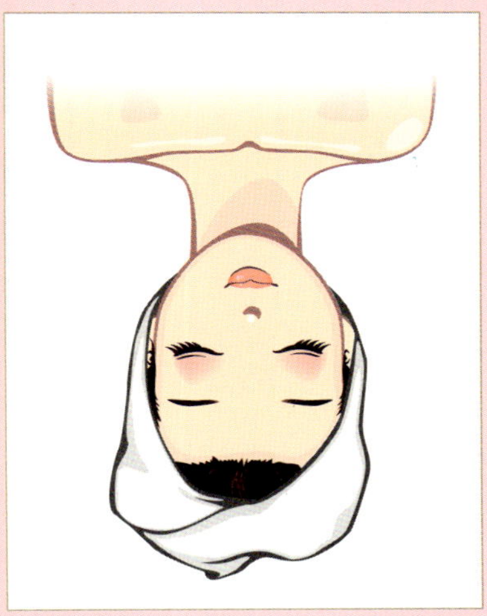
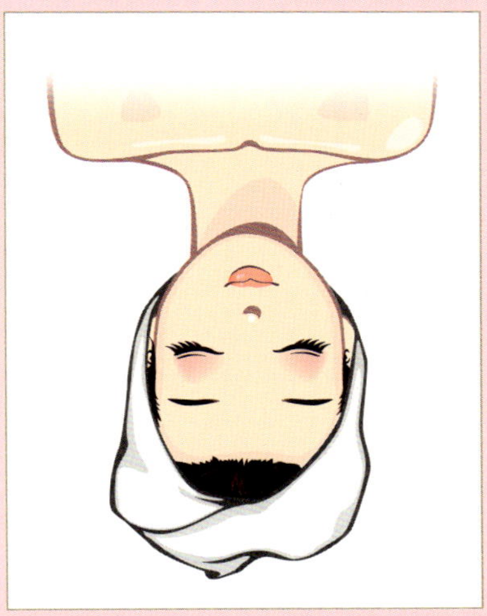
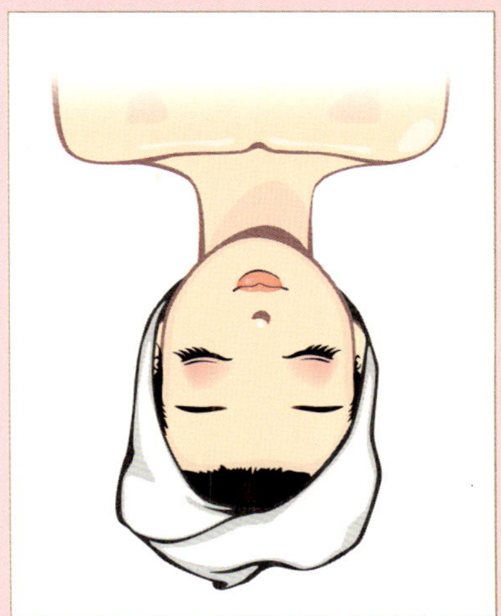

페이스 메뉴얼 테크닉(응용동작) 순서

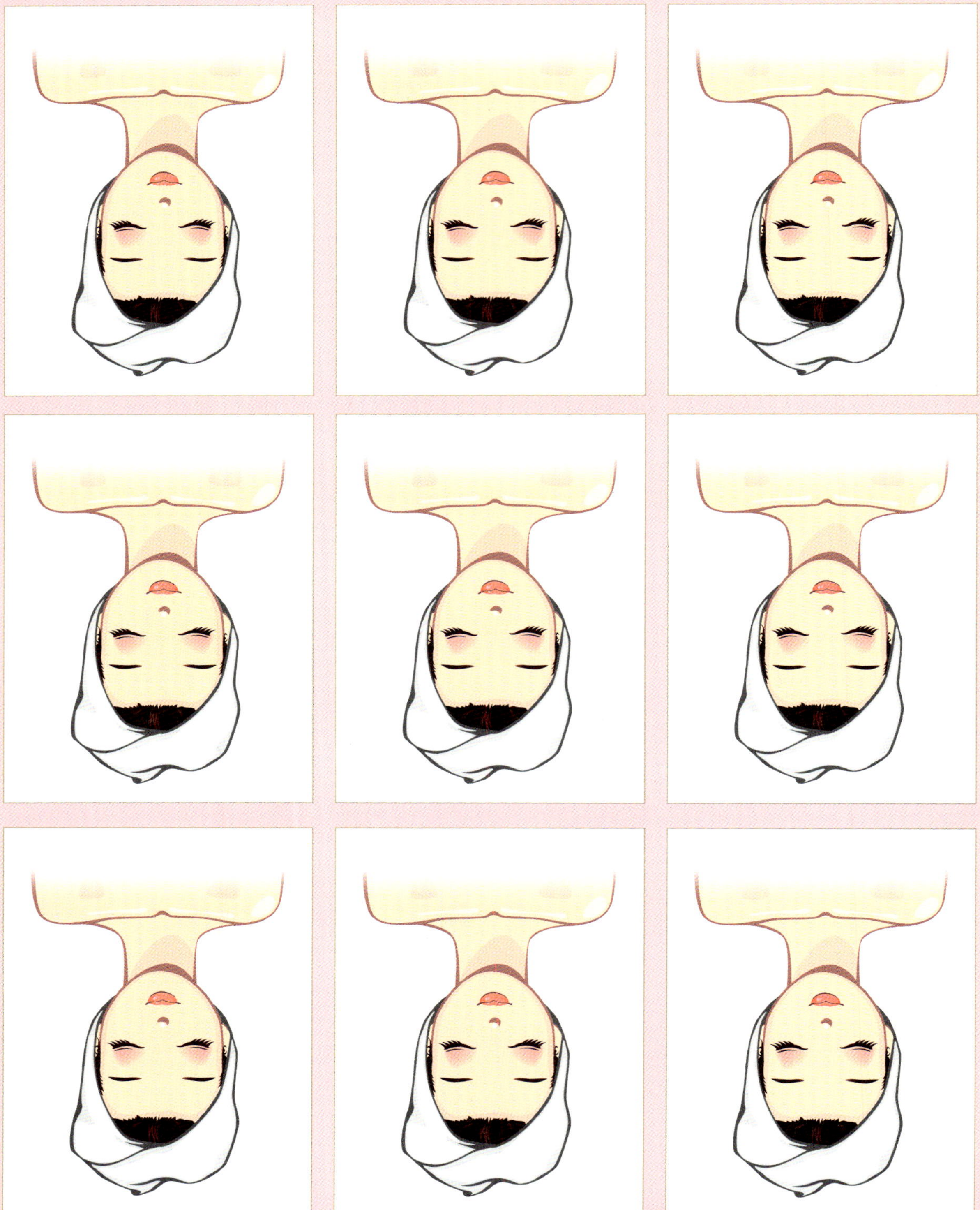

페이스 메뉴얼 테크닉(응용동작) 순서

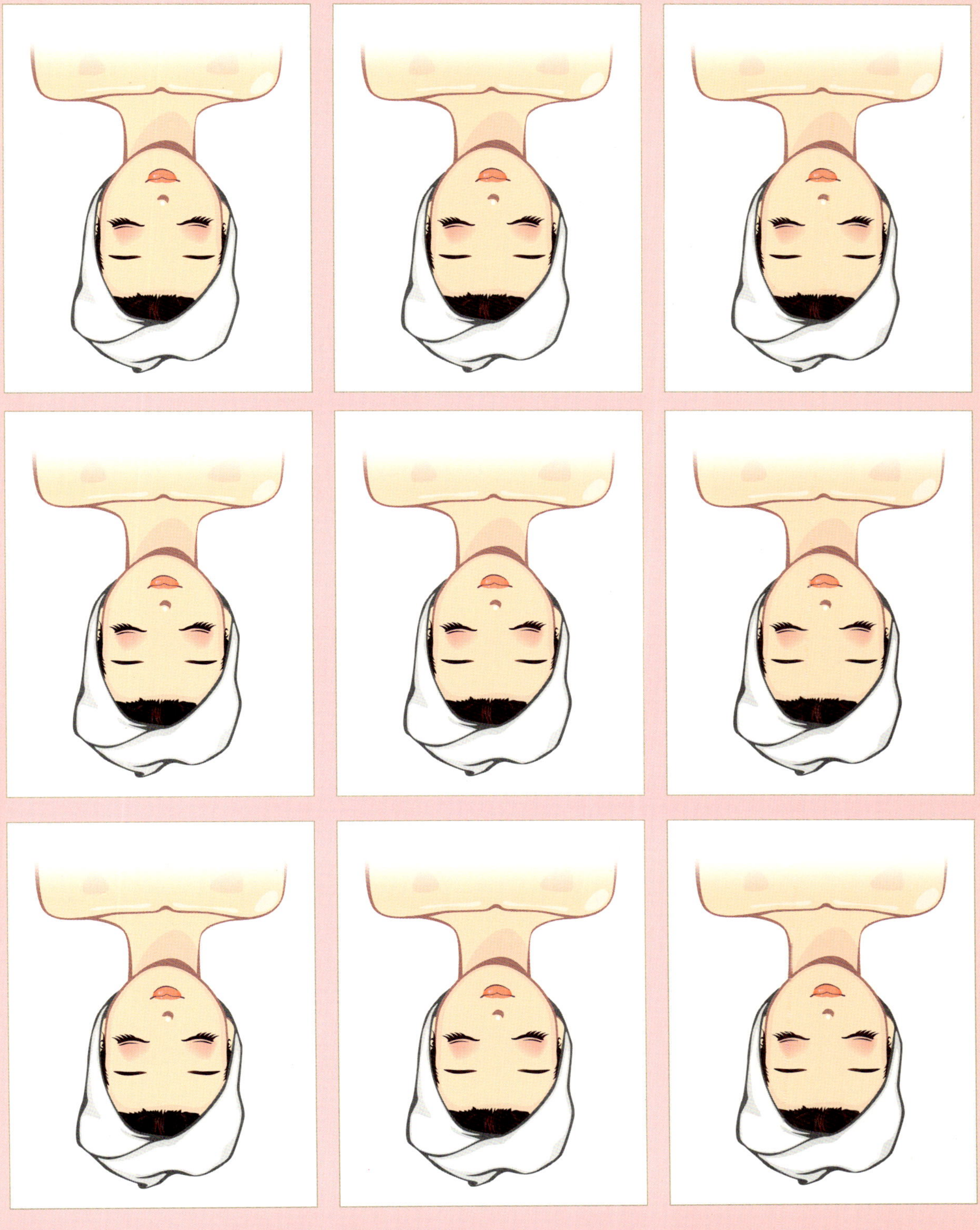

페이스 메뉴얼 테크닉(응용동작) 순서

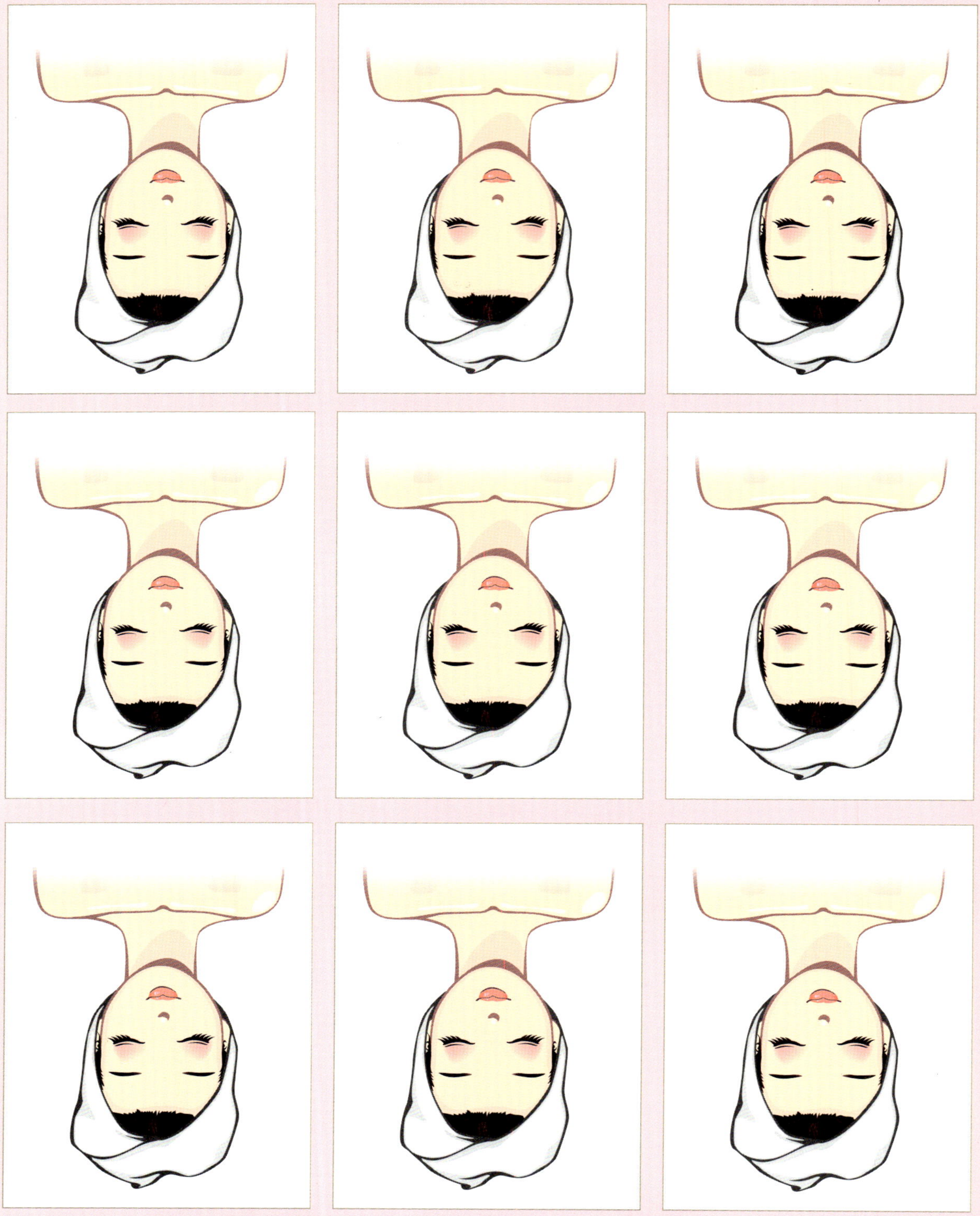

페이스 메뉴얼 테크닉(응용동작) 순서

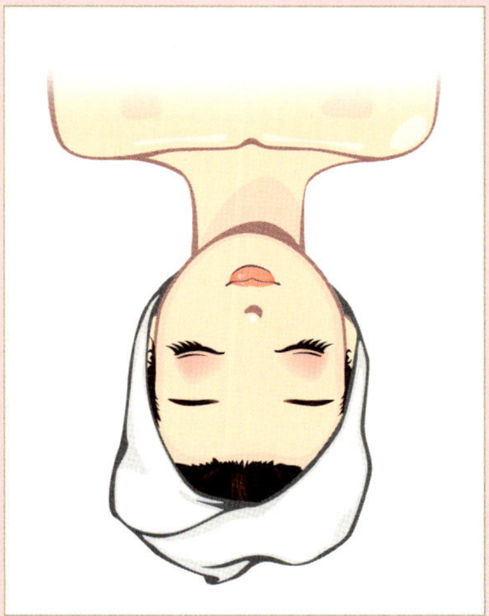
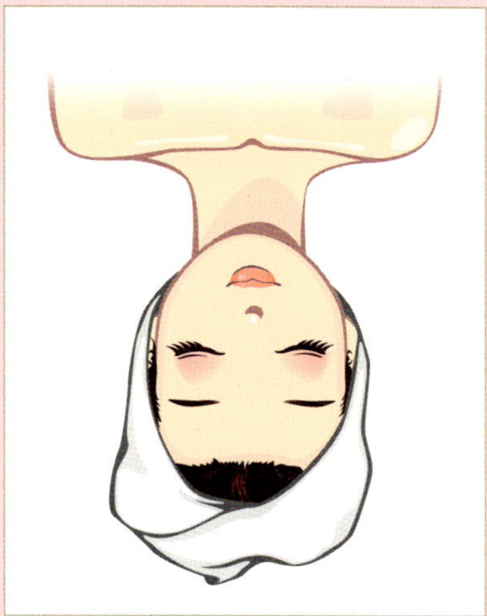
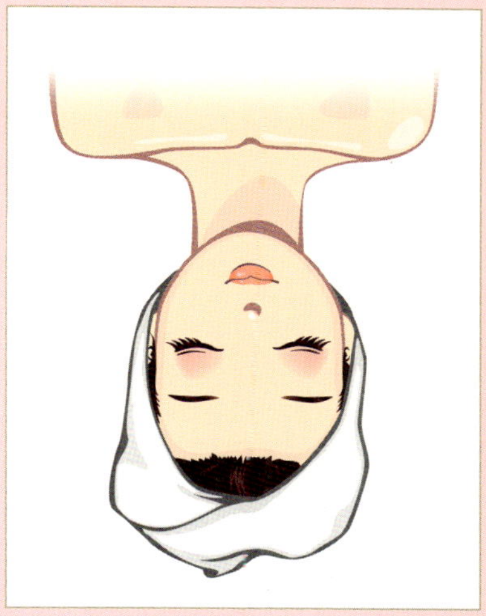
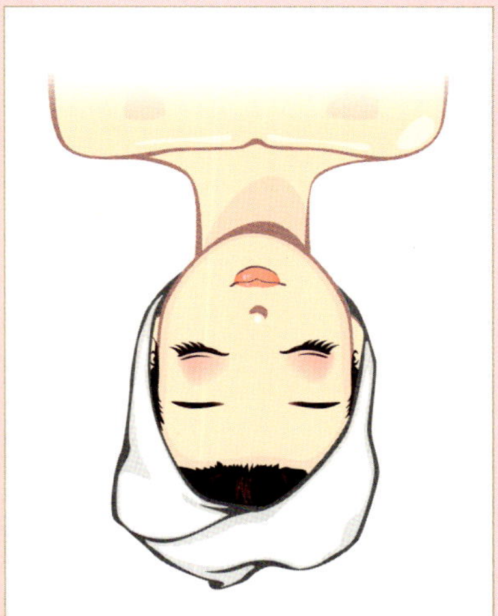
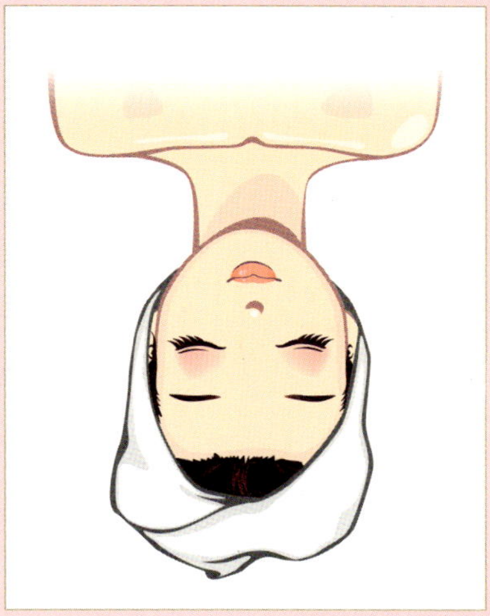
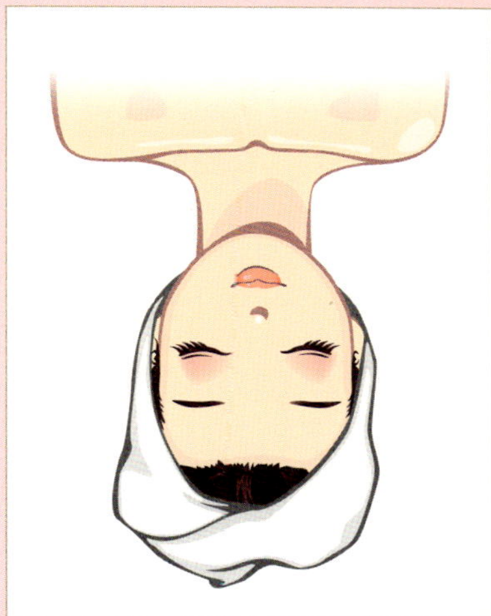
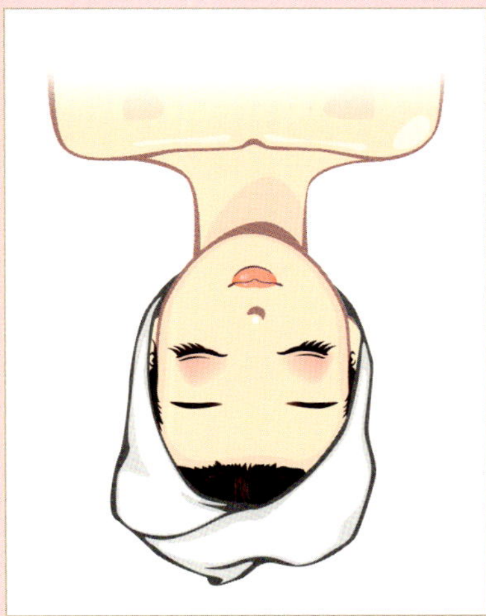
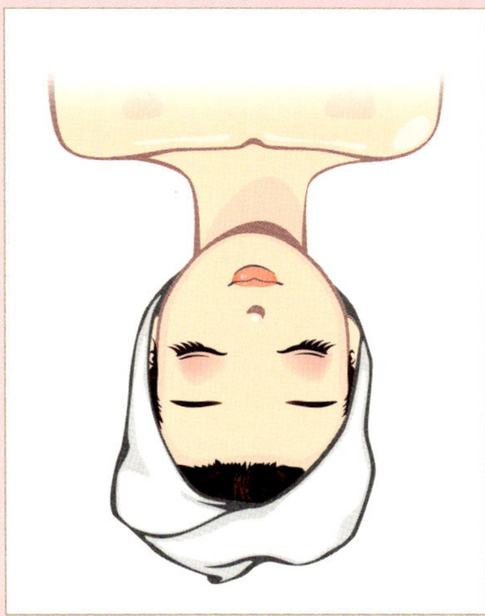
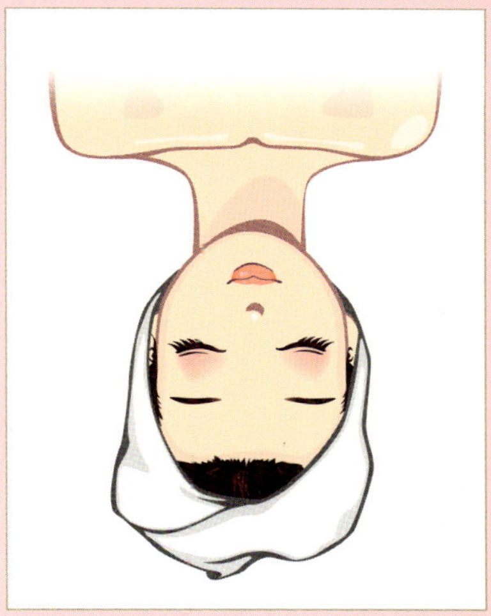